W0269867

Betörend, berauschend, tödlich – Giftpflanzen in unserer Umgebung

Fritz Schade · Harald Jockusch

# Betörend, berauschend, tödlich – Giftpflanzen in unserer Umgebung

2. Auflage

Springer

Fritz Schade
Hamburg, Deutschland

Harald Jockusch
Universität Bielefeld
Freiburg, Deutschland

ISBN 978-3-662-56047-1  ISBN 978-3-662-56048-8 (eBook)
https://doi.org/10.1007/978-3-662-56048-8

Die Deutsche Nationalbibliothek verzeichnet diese Publikation in der Deutschen Nationalbibliografie; detaillierte bibliografische Daten sind im Internet über http://dnb.d-nb.de abrufbar.



Einbandentwurf: deblik Berlin, unter Verwendung der Abb. 27.1
Grafiken: Fritz Schade
Verantwortlich im Verlag: Stephanie Preuß

Gedruckt auf säurefreiem und chlorfrei gebleichtem Papier

Springer ist Teil von Springer Nature
Die eingetragene Gesellschaft ist Springer-Verlag GmbH Deutschland
Die Anschrift der Gesellschaft ist: Heidelberger Platz 3, 14197 Berlin, Germany

Dem Andenken unserer Väter Friedrich Schade und Helmut Jockusch
gewidmet, die uns in die Naturbeobachtung eingeführt haben.

# Danksagung

Die Autoren bedanken sich bei den Professoren Wolfram Beyschlag, Karsten Niehaus (beide Universität Bielefeld), Klaus Aktories (Universität Freiburg) und Benjamin Kaupp (Forschungszentrum caesar, Bonn), sowie bei Dr. Christina Kast (Agroscope, Bern), Tatjana Pfister (Freiburg), Dominique Devineaux-Heimann (Bielefeld) und insbesondere bei Susanne Schade und Brigitte M. Jockusch für wertvolle Beiträge, Anregungen und Hilfen bei der Erstellung dieses Buchs.

# Inhaltsverzeichnis


1 Einführung . . . . . . . . . . . . . . . . . . . . . . . . . . . . . . . . . . . 1

2 Christrose . . . . . . . . . . . . . . . . . . . . . . . . . . . . . . . 7

3 Efeu . . . . . . . . . . . . . . . . . . . . . . . . . . . . . . . . . . . 11

4 Winterling . . . . . . . . . . . . . . . . . . . . . . . . . . . . . . . 15

5 Zwiebeln: Zwiebel der Osterglocke und Küchenzwiebel . . . . . . . . . . . 19

6 Krokus . . . . . . . . . . . . . . . . . . . . . . . . . . . . . . . . . 23

7 Huflattich . . . . . . . . . . . . . . . . . . . . . . . . . . . . . . . 27

8 Seidelbast . . . . . . . . . . . . . . . . . . . . . . . . . . . . . . . 31

9 Märzbecher . . . . . . . . . . . . . . . . . . . . . . . . . . . . . . . 35

10 Scilla, Blaustern . . . . . . . . . . . . . . . . . . . . . . . . . . . . 39

11 Anemone . . . . . . . . . . . . . . . . . . . . . . . . . . . . . . . . 43

12 Schöllkraut . . . . . . . . . . . . . . . . . . . . . . . . . . . . . . . 47

13 Tränendes Herz . . . . . . . . . . . . . . . . . . . . . . . . . . . . . 51

14 Maiglöckchen . . . . . . . . . . . . . . . . . . . . . . . . . . . . . . 55

15  Goldlack . . . . . . . . . . . . . . . . . . . . . . . . . . . . . . . . . . . . . . . . . . .  59

16  Aronstab . . . . . . . . . . . . . . . . . . . . . . . . . . . . . . . . . . . . . . . . . .  63

17  Blauregen, Glyzinie, Wisteria . . . . . . . . . . . . . . . . . . . . . .  67

18  Akelei . . . . . . . . . . . . . . . . . . . . . . . . . . . . . . . . . . . . . . . . . . . . .  71

19  Vielblütiges Salomonssiegel, Vielblütige Weißwurz . . . . . . . . . . . . . .  75

20  Geißblatt, Jelängerjelieber . . . . . . . . . . . . . . . . . . . . . . . . . .  79

21  Goldregen . . . . . . . . . . . . . . . . . . . . . . . . . . . . . . . . . . . . . . . . .  83

22  Immergrün . . . . . . . . . . . . . . . . . . . . . . . . . . . . . . . . . . . . . . . .  87

23  Herbstzeitlose . . . . . . . . . . . . . . . . . . . . . . . . . . . . . . . . . . . . .  91

24  Besenginster . . . . . . . . . . . . . . . . . . . . . . . . . . . . . . . . . . . . . .  95

25  Robinie, Falsche Akazie . . . . . . . . . . . . . . . . . . . . . . . . . . . . .  99

26  Hanf . . . . . . . . . . . . . . . . . . . . . . . . . . . . . . . . . . . . . . . . . . . . . .  103

27  Schlafmohn . . . . . . . . . . . . . . . . . . . . . . . . . . . . . . . . . . . . . . .  107

28  Rhododendron . . . . . . . . . . . . . . . . . . . . . . . . . . . . . . . . . . . .  111

29  Schwarzer Nachtschatten . . . . . . . . . . . . . . . . . . . . . . . . . .  115

30  Bittersüßer Nachtschatten . . . . . . . . . . . . . . . . . . . . . . . . .  119

31  Rittersporn . . . . . . . . . . . . . . . . . . . . . . . . . . . . . . . . . . . . . . .  123

**32 Kirschlorbeer** . . . . . . . . . . . . . . . . . . . . . . . . . . . . . . . . . . . . . . . 127

**33 Riesen-Bärenklau, Herkulesstaude** . . . . . . . . . . . . . . . . . . . . . . . . 131

**34 Vierblättrige Einbeere** . . . . . . . . . . . . . . . . . . . . . . . . . . . . . . . . 135

**35 Lupine** . . . . . . . . . . . . . . . . . . . . . . . . . . . . . . . . . . . . . . . . . . . 139

**36 Schneebeere** . . . . . . . . . . . . . . . . . . . . . . . . . . . . . . . . . . . . . . 143

**37 Wolfsmilch** . . . . . . . . . . . . . . . . . . . . . . . . . . . . . . . . . . . . . . . . 147

**38 Giftbeere** . . . . . . . . . . . . . . . . . . . . . . . . . . . . . . . . . . . . . . . . . 151

**39 Rotfrüchtige Zaunrübe** . . . . . . . . . . . . . . . . . . . . . . . . . . . . . . . . 155

**40 Eisenhut** . . . . . . . . . . . . . . . . . . . . . . . . . . . . . . . . . . . . . . . . . 159

**41 Kornrade** . . . . . . . . . . . . . . . . . . . . . . . . . . . . . . . . . . . . . . . . . 163

**42 Jakobskreuzkraut, Jakobsgreiskraut** . . . . . . . . . . . . . . . . . . . . . . 167

**43 Feuerbohne** . . . . . . . . . . . . . . . . . . . . . . . . . . . . . . . . . . . . . . . 171

**44 Schwarzes Bilsenkraut** . . . . . . . . . . . . . . . . . . . . . . . . . . . . . . . . 175

**45 Fingerhut** . . . . . . . . . . . . . . . . . . . . . . . . . . . . . . . . . . . . . . . . . 179

**46 Hundspetersilie** . . . . . . . . . . . . . . . . . . . . . . . . . . . . . . . . . . . . . 183

**47 Kartoffel** . . . . . . . . . . . . . . . . . . . . . . . . . . . . . . . . . . . . . . . . . 187

**48 Prunkwinde** . . . . . . . . . . . . . . . . . . . . . . . . . . . . . . . . . . . . . . . 191

49  Oleander . . . . . . . . . . . . . . . . . . . . . . . . . . . . . . . . . . . . . 195

50  Stechapfel . . . . . . . . . . . . . . . . . . . . . . . . . . . . . . . . . . . . 199

51  Tollkirsche . . . . . . . . . . . . . . . . . . . . . . . . . . . . . . . . . . . 203

52  Tabak . . . . . . . . . . . . . . . . . . . . . . . . . . . . . . . . . . . . . . 207

53  Engelstrompete . . . . . . . . . . . . . . . . . . . . . . . . . . . . . . . . 211

54  Rizinus, Wunderbaum . . . . . . . . . . . . . . . . . . . . . . . . . . . 215

55  Eibe . . . . . . . . . . . . . . . . . . . . . . . . . . . . . . . . . . . . . . . 219

56  Buchsbaum . . . . . . . . . . . . . . . . . . . . . . . . . . . . . . . . . . 223

57  Liguster . . . . . . . . . . . . . . . . . . . . . . . . . . . . . . . . . . . . 227

58  Lebensbaum, Thuja . . . . . . . . . . . . . . . . . . . . . . . . . . . . . 231

59  Scheinzypresse . . . . . . . . . . . . . . . . . . . . . . . . . . . . . . . 235

60  Sadebaum . . . . . . . . . . . . . . . . . . . . . . . . . . . . . . . . . . . 239

61  Pfaffenhütchen . . . . . . . . . . . . . . . . . . . . . . . . . . . . . . . 243

62  Stechpalme . . . . . . . . . . . . . . . . . . . . . . . . . . . . . . . . . . 247

63  Mistel . . . . . . . . . . . . . . . . . . . . . . . . . . . . . . . . . . . . . 251

Literatur . . . . . . . . . . . . . . . . . . . . . . . . . . . . . . . . . . . . . . 255

# 1
# Einführung

Betörend schön sind viele der Pflanzen, die wir auf dem Balkon, im Garten oder bei Spaziergängen sehen, einige duften verführerisch. Berauschend sind nicht nur Alkohol, der durch Vergärung von Fruchtsäften oder Feldfrüchten entsteht, sondern auch Tee oder Dämpfe von Teilen des Stechapfels, eines Unkrauts trockener Schuttplätze; aber dieser Rausch ist gefährlicher als ein Alkoholrausch, kann tödlich enden. Das hübsche Maiglöckchen duftet betörend, doch es ist sehr giftig. Nicht jedermann ist bewusst, dass der hohe, dunkelblaue Eisenhut, den wir von Bergwanderungen als geschützte Wildpflanze kennen und dessen Gartenform in dicken Sträußen auf den Sommermärkten angeboten wird, ein tödliches Gift enthält, das sogar die Haut durchdringen kann. Giftig muss aber nicht immer tödlich heißen. Ein Brennen im Rachenraum, Schüttelfrost, Magen-Darm-Krämpfe oder Sehstörungen sind schlimm genug und die nötigen Gegenmaßnahmen wie das Schlucken von großen Mengen widerlicher Kohletabletten oder gar die in seltenen, schwerwiegenden Akutfällen angewendete Magenspülung sind kein Vergnügen, vor allem nicht für Kinder.

Giftige Pflanzen gibt es in unserer Umgebung in großer Artenvielfalt, in jedem Garten und Park, auf den Wiesen und im Wald: den freundlichen Goldregen im Frühling, den Eisenhut im Sommer, die Herbstzeitlose in Frühling und Herbst, den prachtvollen Wunderbaum, auch Palma Christi genannt, an dem man Kindern wegen seiner Schnellwüchsigkeit den Lebenszyklus einer Pflanze eindrücklich zeigen kann. Dazu sei jetzt schon gesagt: Veranstalten Sie dieses Lehrstück lieber mit Sonnenblumen, die Sie aus den Resten des winterlichen Meisenfutters aufziehen können.

Damit sind wir bei der Menschengruppe, die am stärksten durch Giftpflanzen gefährdet ist: Es sind die Kinder von ein bis sechs Jahren, die neugierig sind und sich blitzschnell in Park oder Garten selbständig machen können. Allerdings sollte man nicht vergessen: Für Kleinkinder sind, statistisch gesehen, flache Teiche und ätzende Reinigungschemikalien gefährlicher als Giftpflanzen!

Unvernunft ist kein Privileg der Kinder. Jugendliche sind neugierig auf Rauschmittel und meinen, mit deren Genuss beweisen zu müssen, dass sie cool sind. Für Erwachsene relevant werden kann dagegen der neue und hüb-

© Springer-Verlag GmbH Deutschland 2018
F. Schade und H. Jockusch, *Betörend, berauschend, tödlich – Giftpflanzen in unserer Umgebung*,
https://doi.org/10.1007/978-3-662-56048-8_1

sche Trend, das Dessert mit Blüten aus dem Garten zu dekorieren, die man mitisst. Die in verschiedenen Blautönen leuchtenden Blüten des Rittersporns sind beispielsweise hierfür ungeeignet, denn sie sind giftig! Auch nicht jeder Tee, den man arglos aus rein pflanzlichen, biologisch-natürlichen Bestandteilen brüht, ist harmlos. Wie bei den Pilzen, die man inzwischen nicht mehr zu den Pflanzen zählt, schützt auch bei Kräutern, Blüten und Früchten Artenkenntnis verbunden mit Vorsicht vor unliebsamen Überraschungen.

Dieses Buch soll hier hilfreich sein – nicht mit einer Unzahl von Fotografien wie bei den bereits auf dem Markt befindlichen Gebrauchsbüchern, sondern mit künstlerischen Einzeldarstellungen der Pflanzen, mit denen Sie sich ihr charakteristisches Erscheinungsbild zusammen mit ihrem Namen einprägen können. Weiterhin werden die giftigen Pflanzen nicht nur in der Blüte dargestellt, sondern auch fruchtend. Für neugierige und spielende Kinder haben die Früchte und Samen oft mehr Anziehungskraft als die Blüten und in manchen Fällen sind sie die besonders giftigen Pflanzenteile. Ein Beispiel sind die „Böhnchen" des Goldregens und die großen, sehr hübschen Samen des Wunderbaums.

Mit dem Titelzusatz „in unserer Umgebung" ist ein normaler Zier- und Nutzgarten gemeint, auch die Terrasse, dazu das Gelände, wo man spazieren gehen könnte. Reine Zimmerpflanzen, botanische Spezialitäten und die Vegetation von Sümpfen und der Hochgebirge sind nicht berücksichtigt. Die Pflanzen werden etwa in der Reihenfolge gezeigt, in der im Jahresablauf die giftigen Teile auffallen. Bei der Herbstzeitlose erscheinen die Blüten im Spätsommer oder Herbst, die verlockend saftig aussehenden Blätter aber im Frühjahr. Was die Blütezeiten betrifft, bringt der aktuelle Klimawandel einiges durcheinander: So sieht man Blüten des Immergrüns nun auch gelegentlich schon im November oder Dezember.

Dies ist kein wissenschaftliches Buch, aber die chemische Natur der Gifte und der Zusammenhang zwischen der Giftigkeit einer Pflanze und ihrer Zugehörigkeit zu einer Pflanzenfamilie wird an Beispielen besprochen. Es wird also auch ein wenig botanisches und pflanzenbiochemisches Wissen vermittelt.

Unter „Gift" verstehen wir in diesem Buch eine Substanz, die schon in geringer Konzentration schädlich auf warmblütige Wirbeltiere, vor allem auf Säugetiere einschließlich uns Menschen wirkt. Schneckenzerfressene Giftpflanzen und -pilze zeigen uns, dass mindestens einige wirbellose Tiere von solchen Giften offenbar wenig beeindruckt sind. Vom Standpunkt der Pflanze ist die Abwehr von Fressfeinden also nicht immer erfolgreich – diese Verteidigungsstrategie nutzt ja wohl nur, wenn sie mit einem Lerneffekt gekoppelt ist, ganz anders als Stacheln und Dornen, die sozusagen „in Echtzeit" vor dem Gefressenwerden schützen. Es wäre für die Pflanze nicht hilfreich, wenn ein Säugetier nach wenigen Bissen tot umfiele: Eine gestaffelte Wirkung, beispielsweise bitterer Geschmack, Brennen im Rachen, Übelkeit, Erbrechen, Magenschmerzen, Durchfall usw. erzeugt einen schmerzlichen Lerneffekt beim betroffenen Tier und seinen Familien- oder Herdenmitgliedern, der zur Vermeidung der Giftpflanze durch die Artgenossen führt. Der Nutzeffekt von Giftstoffen für die produzierende Pflanze zeigt sich am ehesten dort, wo Gifte im saftigen Fruchtfleisch fehlen, in den übrigen Pflanzenteilen aber vorhanden sind; so können Vögel die roten „Beeren" der Eibe fressen, da die darin enthaltenen, intakten, giftigen Samen die Darmpassage unbeschadet überstehen und so die Eibe verbreiten helfen. Viele größere Säugetiere meiden hingegen die Zweige der Eibe, Weidevieh kann daran zugrunde gehen, wenn es sie in größerer Menge frisst.

Gifte können verschiedenen chemischen Stoffklassen angehören. Ein und dieselbe Pflanzenart enthält oft mehrere verschiedene Gifte, oft auch aus verschiedenen Stoffklassen, und deren Konzentrationen variieren meist zwischen Wurzeln, Sprossen, Blättern, Blüten und Früchten, sowie mit den Jahreszeiten und anderen Außenfaktoren. Vom praktischen Standpunkt aus betrachtet ist es wichtig, welche Gifte hitzestabil sind, wie die kleinmolekularen Alkaloide (z. B. Nikotin und Solanin), und welche durch Kochen inaktiviert werden, wie die giftigen Eiweiße (Proteine) von Bohne und Wunderbaum (Palma Christi, Rizinus).

Die Bohnen, die wir essen, enthalten ein Eiweiß, das giftig ist, weil es an die Oberfläche unserer Darmzellen bindet; durch Kochen wird dieses Phasin (vom Gattungsnamen *Phaseolus*, Bohne) inaktiviert. Giftige Moleküle können als Zuckerverbindungen, Glykoside, vorliegen, wie die Herzglykoside des Fingerhuts, oder das Gift erst im Magen freisetzen, wie die blausäurehaltigen Glykoside der Bittermandeln. Manche dieser Zuckerverbindungen verhalten sich wie Waschmittel, bringen also Lösungen zum Schäumen und werden deshalb Saponine (von lat. *sapo*, Seife) genannt. Saponine können giftig sein, müssen es aber nicht.

Zu welchen Pflanzenfamilien gehören die Giftpflanzen in unserer Umgebung? Ein einfacher Hinweis auf eine Familienzugehörigkeit von Blütenpflanzen ist die „Zähligkeit" der Blütenblätter. Vierzählig sind die Blüten der Mohnartigen, zum Beispiel des Schöllkrauts, und die der Kreuzblütler (Cruciferae, jetzt Kohlgewächse, Brassicaceae). Unter den letzteren sind viele Nutzpflanzen wie Kohlarten, Steckrübe, Rettich, Raps und Kresse, aber in unserer Umgebung kaum Giftpflanzen – der schwach giftige Goldlack ist eine Ausnahme. Fünfzählige Blüten haben Nelken, Kürbis- und Nachtschattengewächse – sie kommen in diesem Buch mehrfach vor. Bei den Nachtschattengewächsen haben wir eine eindrucksvolle Vielfalt von wichtigen Nutzpflanzen (Kartoffel, Tomate, Paprika, Aubergine) und gefährlichen Giftpflanzen (Tollkirsche, Stechapfel, Bilsenkraut). Bei dieser Familie spielen Alkaloide eine prominente Rolle, wie die giftige Nutzpflanze Tabak mit ihrem hohen Nikotingehalt zeigt. Die Hahnenfußgewächse sind hingegen sehr freizügig mit der Zahl der Blütenblätter: Man findet vier (Waldrebe), fünf (Nieswurzarten), sechs (Winterling, Anemone), acht bis vierzehn (Scharbockskraut) bis viele. Hahnenfußgewächse sind fast durchweg giftig bis sehr giftig, sie liefern keinen Beitrag zu unserer Ernährung, einen sehr bedeutenden aber als Schmuckpflanzen.

Die Eigenschaft, in geringen Konzentrationen große Wirkungen zu entfalten, haben Gifte mit Medikamenten gemeinsam. Bei Anwendung auf nur bestimmte Körperteile und in verringerter Konzentration können Gifte zu Heilmitteln werden. Die Dosisabhängigkeit von Gift- oder Heilwirkung einer Substanz hat der berühmte Arzt Paracelsus schon im 16. Jahrhundert formuliert. Ein allbekanntes Beispiel sind die Herzglykoside des Fingerhuts, die früher für therapeutische Zwecke bei Herzinsuffizienz verabreicht wurden, natürlich in geringeren als den toxischen Dosen. Auch für eine Heilwirkung muss eine gewisse Anzahl von Molekülen an den Wirkort gelangen, damit sie in Wechselwirkung mit den für die Krankheit relevanten körpereigenen Molekülen treten können. Bei extrem hohen Verdünnungen, bei denen keine oder nur sehr wenige Moleküle in den Körper gelangen, kann man keine biochemische Wirkung, sondern allenfalls einen Placeboeffekt erwarten.

Dieses Buch ist kein Giftratgeber, kann aber sehr wohl zur Vermeidung von Vergiftungen beitragen, vor allem, wenn man Kinder mit dem Aussehen von Giftpflanzen vertraut macht. Sollten dennoch Vergiftungen auftreten, so muss die entsprechende Pflanze schnellstmöglich identifiziert und ein Arzt und eine Giftnotrufzentrale (www.giftberatung.de) konsultiert werden. Der Verzehr giftiger Pflanzenteile führt oft anfänglich zu einem Brennen im Rachen. Dies kann also eine wichtige, frühe Warnung sein – ein Grund, seine Kinder nicht zu früh an scharfe Gewürze zu gewöhnen. Da bei vielen Vergiftungen die Einnahme von Aktivkohle in größerer Menge empfohlen wird, kann es nicht schaden, diese in Tablettenform in der Hausapotheke zu haben.

Zur Entstehung des Buchs: Es ist aus der Freundschaft des Hamburger Künstlers und Naturfreunds Fritz Schade mit dem Textautor, dem Biologen Harald Jockusch, hervorgegangen. In den vergangenen Jahren hat Fritz Schade die Pflanzen direkt nach der Natur mit Künstlerfarbstiften gezeichnet, oft im Botanischen Garten der Universität Hamburg. In einigen Fällen wurden für diesen Zweck Pflanzen in Freiburg ausgesät und per Post nach Hamburg geschickt. Wichtig war in jedem Fall, dass der Künstler für das Porträt der lebenden Pflanze die relevante Jahreszeit nicht verpasste.

Die Wirkungen von Pflanzengiften haben die Autoren nicht selbst ausprobiert, sondern die Angaben darüber der Literatur entnommen. Besonders hilfreich war dabei das umfangreiche Werk von Roth, Daunderer und Kormann

(1994, 2012) und das Handbuch der giftigen und psychaktiven Pflanzen von Wink, van Wyk und Wink, (2008), in denen auch die Chemie der Pflanzengifte ausführlich beschrieben ist, ferner das Kapitel „Giftpflanzen, Pflanzengifte" von D. Hoffmeister in Aktories et al. (2017).

In der zweiten Auflage wurden zwölf zusätzliche Pflanzenarten aufgenommen, darunter solche, die aktuell die Öffentlichkeit beschäftigen.

Dieses Buch soll am Beispiel der Giftigkeit zur Beschäftigung mit Pflanzen und ihrer Biologie anregen. Die Texte richten sich an Erwachsene, die übersichtlichen Zeichnungen an Erwachsene und Kinder – um sie zu erfreuen, zu informieren, aber auch zu warnen.

# 2

# Christrose
### Hahnenfußgewächse, Ranunculaceae
## Sehr giftig!

Zum Jahreswechsel begrüßt uns einer der prachtvollsten Vertreter der Hahnenfußgewächse, die Christrose – unter den Gartenpflanzen hat nur die Pfingstrose eine größere Blüte, die allerdings bei den meisten Sorten gefüllt und somit nicht gleich als Hahnenfußblüte erkennbar ist. Die Sonnenblume zählt hier nicht, denn sie ist eigentlich ein Blütenstand, dessen Randblüten den Anschein von Blütenblättern erwecken.

Wenn kleine Kinder eine Blüte malen, dann meist eine Hahnenfußblüte – ein Kreis in der Mitte, umgeben von fünf oder sechs ovalen Blütenblättern. Die große Pflanzenfamilie der Hahnenfußgewächse umfasst Wiesenpflanzen und lästige Unkräuter mit gelben, aber auch Frühlingsblüher des Waldes mit weißen, gelben oder blauen Blüten. Gehölze wie die Strauchpäonie sind die Ausnahme. Alle Familienmitglieder tendieren zur Giftigkeit, keines ist küchentauglich. Die Christrose ist giftig für Wirbeltiere, aber offenbar nicht für Schnecken, sodass die Blüten bei mildem Winterwetter oft zerfressen werden. Die Christrose heißt auch Weihnachtsrose oder Schneerose. In Gärtnereien wird sie lieber wissenschaftlich *Helleborus* als abschreckend, aber korrekt, Schwarze Nieswurz genannt. Dieser Name erinnert daran, dass die Christrose nicht nur eine Schmuck- sondern auch eine Gebrauchspflanze war: Früher hat man ein Pulver aus dem schwarzen, besonders giftigen Wurzelstock dem Schnupftabak zugesetzt, wobei es außer zu unappetitlichen Geräuschen gelegentlich zu Vergiftungen gekommen ist. Kreuzungen von südeuropäischen Verwandten der Christrose schmücken im Frühjahr schattige Gartenbereiche mit großen, blutwurstroten oder grünlich rosa Blüten. Die Christrose selbst ist in den Alpen heimisch, die Grüne Nieswurz mit grünen, glockenförmig hängenden Blüten sieht man zum Beispiel häufig an den schattigen Hängen des Mittelrheintals.

Alle Pflanzenteile der Nieswurzverwandtschaft sind giftig. Die Gifte sind Saponine, die die Mundschleimhaut angreifen und übersteigerten Durst, Übelkeit, Durchfall, Herzrhythmusstörungen, schließlich Atemnot und Atemlähmung hervorrufen können.

© Springer-Verlag GmbH Deutschland 2018
F. Schade und H. Jockusch, *Betörend, berauschend, tödlich – Giftpflanzen in unserer Umgebung*,
https://doi.org/10.1007/978-3-662-56048-8_2

**Abb. 2.1** **Christrose**, wiss. *Helleborus niger*, engl. *Christmas rose*, franz. *Rose de Noël*, Hélebore d'hiver; 4/5 nat. Größe. Zeichnung © Fritz Schade

# 3

# Efeu
## Efeugewächse, Araliaceae
## Giftig

Der Efeu ist eine einheimische, durch Absenker leicht zu vermehrende Pflanze, die als Bodendecker oder Klimmer an einer alten Mauer oder am Gartenhäuschen zur Verschönerung des Gartens beitragen kann. Efeubewachsene Wände bieten Spatzen und anderen kleineren Vögeln Verstecke und Nistplätze, die Beeren erfreuen im Winter die Amseln. Im Süden Deutschlands gedeiht der Efeu manchmal so gut, dass er im Garten zum schwer auszurottenden Unkraut wird. Er erklimmt gerne Laubbäume und kann sie wie ein Mantel einhüllen. Die unscheinbaren grünen Blütchen mit gelben Staubgefäßen sind im Herbst eine willkommene Bienenweide. Die gewölbten Blütendolden und Fruchtstände findet man nur an älteren Pflanzen, meist an denjenigen Sprossen, die an irgendeiner Stütze in die Höhe geklommen sind. Interessanterweise haben diese älteren Teile der Pflanze nicht mehr die typischen, abgerundet fünfeckigen Efeublätter, sondern ganz einfach geformte, spitzovale Blätter. Wenn man nun Efeupflanzen aus Stecklingen einer solchen älteren Pflanze gewinnt, dann behalten sie trotz der anfänglichen Kleinheit dieses Alterscharakteristikum bei. Wie kommt das? Sie haben doch die gleiche genetische Ausstattung wie ihre Mutterpflanze, die eine Jugendform durchlaufen musste? Offenbar hat während des Alterns der Mutterpflanze eine Veränderung beim Übersetzen der genetischen Information stattgefunden, die nun beibehalten wird. So eine Veränderung nennt man „epigenetisch", sie ist dem Informationsgehalt des Genoms aufgeprägt. Bringt die Stecklingspflanze wieder Samen hervor, dann ist diese Veränderung wieder gelöscht und die Keimlinge können sich wieder einer unbeschwerten Efeujugend erfreuen.

Blätter und besonders das Fruchtfleisch der reifen Beeren enthalten Saponine, die rote Blutkörperchen auflösen (Hämolyse), wenn sie in die Blutbahn gelangen, und nach Verzehr eine Reihe schwerer Symptome wie Schleimhautreizung, Übelkeit, Erbrechen, Herzrhythmusstörungen und Ausschlag hervorrufen. Umso erstaunlicher ist es, im Winter zu beobachten, mit welcher Lust und Gier sich Amseln und andere Drosseln die Efeubeeren einverleiben.

Kindern sollte man den Zugriff auf die hübschen Beeren nicht erlauben.

© Springer-Verlag GmbH Deutschland 2018
F. Schade und H. Jockusch, *Betörend, berauschend, tödlich – Giftpflanzen in unserer Umgebung*,
https://doi.org/10.1007/978-3-662-56048-8_3

**Abb. 3.1**  **Efeu**, fruchtend, wiss. *Hedera helix*, engl. *Ivy*, franz. *Lierre commun*; 4/5 nat. Größe. Zeichnung © Fritz Schade

# 4

# Winterling
## Hahnenfußgewächse, Ranunculaceae
## Sehr giftig!

Neben dem Schneeglöckchen gehört der Winterling zu den frühesten Frühlingsboten. In milden Wintern erscheinen seine Blüten ab Ende Januar. Die Heimat des Winterlings ist Südeuropa. Wo er sich bei uns wohlfühlt und nicht zu viel Konkurrenz durch andere krautige Pflanzen hat, bildet er dichte Rasen. Die Pflanze selbst ist ein Minimalorganismus: Aus der kaperngroßen Knolle sprießen ein bis drei kurze Stiele, die oberhalb eines Kranzes aus drei zerschlitzten Hochblättern eine einzige große, leuchtend gelbe Blüte tragen – und diese ist eine typische Hahnenfußblüte mit meist sechs Blütenblättern. Nachdem die Blüte ihre kurze Vorstellung beendet hat, treibt das Pflänzchen am Grund noch einen größeren Blattkranz, welcher der Knolle während der Samenreifung neue Nährstoffe für das folgende Frühjahr liefert.

Der Winterling setzt hier die Reihe von Hahnenfußgewächsen fort, die mit der Christrose begonnen wurde (vgl. Kap. 2). Mit seiner einfach gebauten, gelben Blüte vertritt er die vielen „eigentlichen" Hahnenfußarten der Gattung *Ranunculus*. Mit ihren, bei großzügiger Betrachtung, hahnenfußförmigen Blättern sind sie uns als „Butterblumen" der Wiesen bis zu den lästigen Unkräutern wie Kriechender Hahnenfuß und Knolliger Hahnenfuß gut bekannt. Der lateinische Familienname leitet sich von lat. *rana* für Frosch ab, *ranunculus* heißt etwa Fröschlein. Die Familie der Hahnenfußgewächse bietet alle Blütenfarben – neben gelb und weiß auch rot, violett und blau (wie beim Leberblümchen) und zum Teil auch sehr abgewandelte Blütenformen, die der Laie gar nicht als zur Hahnfußfamilie gehörig erkennen würde, so mit zunehmender Abwandlung bei Rittersporn (Kap. 31), Eisenhut (Kap. 40) und Akelei (Kap. 18). Hahnenfußgewächse sind in diesem Buch gut vertreten, da praktisch alle Mitglieder dieser Familie giftig sind; essbare Hahnenfußgewächse sind den Autoren nicht bekannt. Auf die giftige Verwandtschaft des Winterlings weisen sein englischer und sein französischer Name hin, während er im Italienischen einfach und freundlich Hahnenfuß, *Piè di gallo*, heißt.

© Springer-Verlag GmbH Deutschland 2018
F. Schade und H. Jockusch, *Betörend, berauschend, tödlich – Giftpflanzen in unserer Umgebung*,
https://doi.org/10.1007/978-3-662-56048-8_4

Der Winterling ist durch ein Gemisch von Herzglykosiden (vgl. Fingerhut, Kap. 45) und anderen nach dem Gattungsnamen *Eranthis* genannten Verbindungen stark giftig, besonders die Knolle. Die Vergiftungserscheinungen reichen von Übelkeit und Erbrechen bis zum verlangsamten Puls und Herzstillstand. Also: Ansehen ja, essen nein.

**Abb. 4.1   Winterling**, wiss. *Eranthis hyemalis*, engl. *Winter aconite*, franz. *Éranthis*; 4/5 nat. Größe. Zeichnung © Fritz Schade

<h1>5</h1>

# Zwiebeln: Zwiebel der Osterglocke und Küchenzwiebel

## Amaryllisgewächse, Amaryllidaceae

## Blumenzwiebeln sind giftig.

Um es vorwegzunehmen: Alle Zwiebeln, die nicht eindeutig Kulturvarianten der Küchenzwiebel sind, haben in der Küche nichts verloren. Fast alle Blumenzwiebeln sind giftig, einige sogar sehr (Scilla und Meerzwiebel, Kap. 10).

An dieser Stelle ist die Zwiebel der allseits bekannten Osterglocke gezeigt. Genau wie die Küchenzwiebel ist die Osterglocke ein gängiges Handelsprodukt. Die aus den Niederlanden im Frühling eingeführten Schnittblumen sind Massenware, ebenso wie die Netzsäcke mit Osterglockenzwiebeln im Herbst, die kaum mehr kosten als gewöhnliche Küchenzwiebeln. Eine gewisse Verwechslungsgefahr ist also gegeben.

Alle Teile der Osterglocken sind durch eine Vielzahl verschiedener Alkaloide giftig, die sogar von Sträußen in das Blumenwasser abgegeben werden. Die kräftige Zwiebel der Osterglocke ist besonders giftig und sie ist das einzige Pflanzenteil, das versehentlich in der Küche Verwendung finden könnte.

Das Bild zeigt eine Osterglocken- und eine Küchenzwiebel. Während die dünnen, trockenen Häute der Küchenzwiebel bis nahe an die Spitze reichen, enden die Zwiebelschuppen der Osterglocke auf verschiedenen Höhen. Natürlich gibt es viele verschiedene Kultursorten der Küchenzwiebel – schlanke und runde, goldbraune, gelbe, rote und weiße –, aber sie alle haben eine trockene, glatte Außenhaut. Eine solche hat allerdings auch die giftige Tulpenzwiebel. Dennoch ist die Küchenzwiebel leicht zu erkennen: Nur sie riecht intensiv beißend zwiebelig! Die Zwiebel der Osterglocke ist hingegen fast geruchlos. Nahe verwandt mit der Osterglocke ist die Dichternarzisse, *Narcissus poeticus*. Ihre weißen Blüten haben ein gelbes, orange umrandetes Kränzchen in der Mitte. Sie ist eher noch giftiger als die gelbe Osterglocke.

Die Küchenzwiebel begleitet die Menschheit seit Jahrtausenden. Sie hat ihm in der kalten, dunklen Jahreszeit als Vitaminquelle gedient, und zwar, neben dem nahe verwandten Lauch, den man auch über Winter lagern kann, vor allem für Vitamin C. Die Zahl der Rezepte, bei denen die Zwiebel teils exzessiv verwendet wird, ist nationenübergreifend gigantisch, man denke nur an das Zwiebelmett im Norden, die Zwiebelwaie im Süden Deutschlands und

© Springer-Verlag GmbH Deutschland 2018
F. Schade und H. Jockusch, *Betörend, berauschend, tödlich – Giftpflanzen in unserer Umgebung*,
https://doi.org/10.1007/978-3-662-56048-8_5

die Zwiebelsuppe in Frankreich. Wer einmal im heißen Sommer die bis zum Horizont reichenden Zwiebelfelder in Südungarn gesehen und gerochen hat, dem wird die Bedeutung der Küchenzwiebel klar sein: Sie ist für viele Millionen Menschen offenbar unentbehrlich.

Zusammenfassend: Die Zwiebeln der beiden Narzissenarten sind giftig. Zwiebeln anderer Frühjahrsblüher sind stärker oder weniger giftig als Narzissenzwiebeln – da sollte man kein Risiko eingehen. Die Küchenzwiebel ist am sichersten an ihrem Geruch zu erkennen.

**Abb. 5.1   Zwiebeln: Osterglocke und Küchenzwiebel,** wiss. *Narcissus pseudonarcissus* und *Allium cepa*, engl. *Daffodil and Onion*, franz. *Bulbe de narcisse et Oignon*; 4/5 nat. Größe. Zeichnung © Fritz Schade

# 6

# Krokus
## Schwertliliengewächse, Iridaceae
## Giftig

Violette, weiße und gelbe Krokusse sind beliebte Frühlingsboten, ob in den Parks von Hamburg bis München oder auf den Matten der Alpen, wo sie als Wildpflanzen vorkommen. Wo sich die Gartenformen des Krokus wohlfühlen, zum Beispiel unter ausladenden Laubbäumen, vermehren sie sich so, dass sie in der Blüte geschlossene Rasen bilden. Bei den Gartenformen gibt es Abwandlungen der Blütenfarben wie eine violett-weiße Streifung. Die Blütenpracht einer Krokuspflanze wird durch ein erstaunlich bescheidenes Blattwerk alimentiert: sechs bis zehn sehr schmale, fast grasartige Blätter mit einem weißen Mittelstreifen. Diese bleiben nach der Blüte nur wenige Wochen erhalten, die mit einer Art Bast umhüllte Knolle hat dann bereits genügend Nährstoffe für das folgende Frühjahr gesammelt.

Ein Ärgernis für den Gartenliebhaber ist die Feindschaft zwischen Amselmännchen und gelbem Krokus. Dabei ist das Amselmännchen der wütende Angreifer, die gelbe Krokusblüte das wehrlose Opfer, das gnadenlos zerzaust oder gar ausgerissen wird. Offenbar wirken die leuchtend gelben Blütenblätter auf den Amselmann wie das rote Tuch des Toreros auf den Stier. Man glaubt, dass der gelbe Krokus den Amselmann deshalb so wütend macht, weil er mit dem ebenfalls leuchtend gelben Schnabel anderer Amselmänner im Frühling verwechselt wird und damit unerwünschte Konkurrenten um Revier und Weibchen anzeigt. Bei den Amselweibchen ist der Schnabel hingegen so unauffällig graubraun wie das Gefieder und aggressives Verhalten überlassen sie sowieso den Männern.

„Safran macht den Kuchen geel" so heißt es (um des Reimes willen) im Kinderlied. Safran ist ein Produkt der Kulturvariante einer Krokusart aus dem östlichen Mittelmeer, die *Crocus sativus* genannt wird. Sein weibliches Geschlechtsorgan, der Stempel, teilt sich in drei Narbenfäden, die aus der Blüte herausragen, um den Pollen zu empfangen. Aus der beabsichtigten Zeugung einer neuen Generation wird allerdings nichts, da sich die befruchteten Eizellen wegen ihres dreifachen Chromosomensatzes nicht entwickeln können. Die kultivierten Safrankrokusse müssen daher vegetativ durch Knollenteilung vermehrt werden. Der Anbau findet in Ländern mit heißen Sommern statt, überwiegend im Iran. Die Blütezeit ist nicht das Frühjahr, sondern der Herbst,

© Springer-Verlag GmbH Deutschland 2018
F. Schade und H. Jockusch, *Betörend, berauschend, tödlich – Giftpflanzen in unserer Umgebung*,
https://doi.org/10.1007/978-3-662-56048-8_6

die Erntezeit ist auf wenige Wochen beschränkt. Für ein Gramm Safranfäden müssen 150 Blüten per Hand ausgezupft werden. Demensprechend hoch ist der Preis, er kann mit dem von Kaviar mithalten und ist damit wesentlich höher als der von Silber. Allerdings macht ein Gramm der lockeren Safranfäden schon rein optisch wesentlich mehr her. Safran duftet betörend und sein tiefes Rot wandelt sich bei hoher Verdünnung in ein intensives Goldgelb, das wir vom Risotto und der Paella kennen und mit der Vorfreude auf die besondere Würze des Safrans verbinden.

Sowohl die Zierkrokusse als auch der Safrankrokus sind durch alkohollösliche Kleinmoleküle, sogenannte Monoterpene, giftig, die bezeichnende Namen wie Crocin und Safranal tragen. Ihre erhebliche Giftwirkung reicht von Übelkeit über Erregungszustände mit Delirien und späterer Lähmung des Nervensystems bis zu Blutungen innerer Organe. Auch die Safranfäden sind, wie die Knollen der Krokuspflanze, giftig. Sie wurden früher zur Abtreibung mit der Hälfte der tödlichen Dosis (20 g) eingesetzt, also unter Lebensgefahr für die Schwangere.

Wegen des hohen Preises und der auch bei sehr hoher Verdünnung durchschlagenden Aroma- und Farbwirkung wird Safran nur in sehr geringen Mengen in der Küche eingesetzt. Vergiftungserscheinungen sind daher unwahrscheinlich.

**Abb. 6.1   Krokus**, wiss. *Crocus vernus*, engl. *Purple crocus*, franz. *Crocus*; 4/5 nat. Größe. Zeichnung © Fritz Schade

# 7

# Huflattich
## Korbblütler, Asteraceae
## Giftig (bei hoher Dosierung)

Der deutsche Name „Huflattich" weist auf den Umriss der Blätter hin, nach Form und Größe dem Abdruck eines Pferdehufs ähnlich; der wissenschaftliche Name *Tussilago farfara* bedeutet „bemehlter Hustenbesänftiger". Ersteres bezieht sich auf die Unterseite der Blätter, Letzteres auf deren Heilwirkung als Tee. Wenn man diesen hübschen Vorfrühlingsblüher, der uns nicht nur an Wegrändern im Wald, sondern auch in der Großstadt an besonnten Ecken vernachlässigter Grundstücke erfreut, in ein Giftpflanzenbuch aufnimmt, erntet man heftige Proteste, zum Beispiel lauten Kommentare im Internet etwa: „Da wird eine traditionelle Heilpflanze verunglimpft, weil man lieber die Produkte der pharmazeutischen Industrie verkaufen möchte".

Also, was ist Sache? Korbblütler wie Margeriten, Kamille, Sonnenblume und Kopfsalat (im Garten blüht er, während wir im Urlaub sind) wecken positive Assoziationen. Ob Löwenzahn mehr als lästiges Rasenunkraut oder als angesagter Salat angesehen wird, ist Einstellungssache – an Giftpflanzen denken wir bei Korbblütlern eher nicht. Einige Mitglieder dieser Kräuterfamilie enthalten jedoch Giftstoffe aus der chemischen Gruppe der Pyrrolizidinalkaloide (molekulare Grundstruktur ist ein Doppelfünfring mit einem Stickstoffatom), die Leberschäden verursachen können; und zu denen gehört neben dem Jakobskreuzkraut (Kap. 42) der Huflattich. Aber wer nimmt schon eine Hustenlinderung für einen Leberschaden in Kauf? Der hustenlindernde Schleim und seine wirksamen Begleitstoffe sind für die Giftwirkung auf die Leber offenbar nicht verantwortlich. Auf dieser Erkenntnis basiert das Bemühen von Pflanzenzüchtern, Huflattich-Rassen mit geringem Pyrrozilidingehalt auszulesen.

Die Pestwurz (*Petasites hybridus*), ebenfalls ein Vertreter dieser Familie, ist eine kräftige Pflanze an Bachufern und feuchten Stellen im Wald, deren Blütenstände über einen Meter hoch werden. Sie ist nahe verwandt mit dem Huflattich, aber als ganze Pflanze nicht mit diesem zu verwechseln. Die Blätter sind mit ihrer weißfilzigen Unterseite jedoch denen des Huflattichs recht ähnlich, aber wesentlich giftiger, und könnten in einen Huflattichtee geraten.

Ein Insektengift, Pyrethrum, auch als „Natur-Pyrethrum" verkauft, wird aus den getrockneten Blüten einer wilden Chrysanthemenart, also eines Korblütlers, hergestellt. Es ist aber auch giftig für Fische und Säugetiere. Korbblütler sind also nicht immer harmlos. Ein aus Nordamerika eingewanderter Korbblütler mit dem Gattungsnamen *Ambrosia* (Bedeutung in der Antike „Unsterblichkeit verleihende Götterspeise", deutsch Beifußblättriges Traubenkraut) verbreitet großes Ungemach – nicht wegen eines Gifts, sondern weil er hochallergen ist und dadurch zum Beispiel schweres Asthma verursachen kann.

Der äußerst genügsame Huflattich beindruckt uns durch ein pfiffiges Programm der Ressourcennutzung. Die leuchtend gelben Blüten an zehn bis zwölf Zentimeter langen, beschuppten Stängeln erscheinen Jahr für Jahr im Vorfrühling, lange vor den Blättern, und locken die ersten Bestäuber an. Nach dem Verblühen verlängern sich die Stängel und der Blütenkopf neigt sich nach unten. Zu diesem Zeitpunkt erscheinen auch die Blätter. Schließlich richtet sich der Blütenstängel wieder auf, und in doppelter Höhe wie zur Blütezeit erscheint eine kleine Pusteblume – die Windverbreitung der reifen Samen ist gesichert.

**Abb. 7.1 Huflattich**, blühend und fruchtend, wiss. *Tussilago farfara*, engl. *Coltsfoot*, franz. *Tussilage*; 4/5 nat. Größe. Zeichnung © Fritz Schade

# 8

## Seidelbast
### Seidelbastgewächse, Thymeleaceae
### Sehr giftig!

Vorfrühlingsblüher sind im Garten und in der freien Natur immer beliebt. Das gilt auch für den schmächtigen Seidelbaststrauch, dem wir im mittleren und südlichen Deutschland im Unterholz feuchter Laubwälder begegnen. Seine intensiv rosa Sternblüten erscheinen in Büscheln direkt am Stamm vor den hellgrünen, spatelförmigen Blättern. Offensichtlich war diese Giftpflanze schon seit dem frühen Mittelalter von Interesse, ihre beiden deutschen Namen, Seidelbast und Kellerhals, sind so alt, dass sie schwer zu deuten sind. Für Ersteren wird ein Bezug zur glatten Rinde angeboten, für Letzteren so etwas wie „Halskiller" wegen des Brennens, das man im Hals verspürt, wenn man von dem Sträuchlein nascht. Man kann sich auch über den wissenschaftlichen Namen wundern, den der schwedische Naturforscher Carl von Linné der Pflanze im 18. Jahrhundert gegeben hat: Daphne ist der Name einer Nymphe der griechischen Mythologie, die in einen Lorbeerstrauch verwandelt wurde, um sie vor den Nachstellungen des Gottes Apollo in Sicherheit zu bringen — bei einigen künstlerischen Darstellungen dieser Szene ist der blonde Apollo der schwarzhaarigen Nymphe schon recht hautnah.

Zwei der Komponenten des Giftgemischs des Seidelbasts sind nach der Nymphe Daphne benannt, Daphnin und Daphnetoxin, eine weitere, Mezerein, nach dem Artnamen. Letzteres ist ein sehr kompliziert aufgebautes Ringsystem aus Kohlenstoff, Sauerstoff und Wasserstoff. Die Gifte verursachen nach dem Verzehr eine Vielzahl äußerst unangenehmer Symptome, wirken aber auch äußerlich über die Haut. Die Rinde und die attraktiven roten Beeren sind besonders giftig. Für Erwachsene sollen etwa zehn Beeren tödlich sein, für Kinder entsprechend weniger. Pflanzenfressende Haustiere wie Schweine, Rinder und Pferde sind, bezogen auf ihre Masse, eher noch empfindlicher als der Mensch. Hat man eine Vergiftung überstanden, dann kann einen noch die krebsauslösende Wirkung des Mezereins mit zeitlicher Verzögerung heimsuchen.

© Springer-Verlag GmbH Deutschland 2018
F. Schade und H. Jockusch, *Betörend, berauschend, tödlich – Giftpflanzen Thn unserer Umgebung*,
https://doi.org/10.1007/978-3-662-56048-8_8

**Abb. 8.1 Seidelbast**, blühend, wiss. *Daphne mezereum*, engl. *Mezereon*, franz. *Daphné*; 4/5 nat. Größe. Zeichnung © Fritz Schade

**Abb. 8.2  Seidelbast**, fruchtend, wiss. *Daphne mezereum*, engl. *Mezereon*, franz. *Daphné*; 4/5 nat. Größe. Zeichnung © Fritz Schade

Durch seine Giftigkeit erscheint einem das putzige Sträuchlein in ganz anderem Licht. Im Zusammenhang mit dem Schicksal der Nymphe Daphne zur Zeit der antiken Götter könnte man die Giftigkeit des Namensträgers als Warnung gegen allzu aufsässige „Stalker" verstehen. Solche sind ja glücklicherweise nicht allzu häufig, daher der Rat: Man sollte den Seidelbast aus jedem Garten verbannen, in dem Kinder ihr Wesen treiben. Die verlockend rotglänzenden Beeren, die im Sommer reifen, könnten tödlich sein.

# 9

# Märzbecher
## Amaryllisgewächse, Amaryllidaceae
## Schwach giftig

Der Märzbecher oder Märzenbecher wird wegen des auffälligen Fruchtknotens an der Basis der Blütenblätter auch, wenig poetisch, Frühlingsknotenblume genannt. Als Großes Schneeglöckchen ist er der große Bruder des Kleinen Schneeglöckchens, des jedermann bekannten „normalen" Schneeglöckchens (*Galanthus nivalis*, wörtlich Schnee-Milchblume), das einige Wochen früher blüht als der Märzbecher. Dort, wo es ihm gut geht, kann das Schneeglöckchen über die Jahre ganze Teppiche bilden. In einer Zeit, in der sonst bei uns noch keine Blumen blühen, bereitet es viel Freude, vor allem wenn es seine schmalen, blaugrünen Blätter und die Knospen durch die mit Glück vorhandene Schneedecke schiebt.

Beide Zwiebelpflanzen, das Kleine wie das Große Schneeglöckchen, sind als schwach giftig einzustufen. Blätter und Zwiebel enthalten giftige Alkaloide. Eine Verwechslungsgefahr besteht aber allenfalls zwischen den Zwiebeln dieser Pflanzen und den kleinen weißen Speisezwiebeln, die als Silberzwiebeln zur feinen Küche gehören. Die Blumenzwiebeln sind in diesem Falle um ein Vielfaches teurer und sollten schon deshalb nicht verwechselt werden; außerdem fehlt ihnen der bekannte Zwiebelgeruch. Märzbecher und Schneeglöckchen dürften also Menschen kaum gefährden, das Umgekehrte ist aber sehr wohl der Fall, weshalb sie als Wildblumen unter strengem Naturschutz stehen. Die Hauptverbreitungsgebiete liegen im südlichen Mitteleuropa. Für den Märzbecher gibt es in Deutschland lokale Vorkommen in Sachsen und Franken sowie auf dem Schweineberg bei Hameln, der Rattenfängerstadt. Die betreffenden Areale, feuchte Laubwälder, sind als Naturschutzgebiete ausgewiesen. Südlich von uns, in Österreich, ist der wilde Märzbecher häufiger.

© Springer-Verlag GmbH Deutschland 2018
F. Schade und H. Jockusch, *Betörend, berauschend, tödlich – Giftpflanzen in unserer Umgebung*,
https://doi.org/10.1007/978-3-662-56048-8_9

**Abb. 9.1** **Märzbecher**, wiss. *Leucojum vernum*, engl. *Spring snowflake*, franz. *Campanelle commune*; 4/5 nat. Größe. Zeichnung © Fritz Schade

# 10

## Scilla, Blaustern
### Spargelgewächse, Asparagaceae
### Giftig

Der Blaustern oder die Scilla ist ein zierliches Pflänzchen der Wälder und Gebüsche des südlichen Europa. Abgebildet ist die Art *S. bifolia*, die zweiblättrige Scilla, ähnlich ist die Art *S. siberica*, die Sibirische Scilla. Die Scilla überrascht uns im Frühling mit dem intensiven Blau der Blüten zwischen dem Braun und Grau des noch nicht vermoderten Herbstlaubs. Aus Sicht des Autors war sie wegen ihres Erscheinens im frühen Frühling immer eine Kandidatin für den Ehrentitel „Blaue Blume der Romantik", andere schlagen dafür das Leberblümchen oder, weniger romantisch, das im Hochsommer blühende Getreideunkraut Kornblume vor.

Ein Blumenliebhaber und Hobbybotaniker ist gewohnt, die Blüte nicht nur als den für die Ästhetik wichtigsten Teil der Pflanze, sondern ihre Gestalt als das wichtigste Kriterium für ihre Verwandtschaftsbeziehungen anzusehen. Gemeint ist natürlich eine Blüte, die für das bloße Auge des Laien etwas hermacht. Und so war in der herkömmlichen Systematik die Lilie das Flaggschiff der Liliengewächse, also der Pflanzenfamilie, zu der auch der Blaustern gehört. Die Lilienblüte ist seit dem Mittelalter allgemeines Kulturgut – Madonnenlilie heißt noch heute eine weißblühende Art. Die typische Lilienblüte ist dreizählig und hat mit drei äußeren und drei inneren zusammen sechs Blütenblätter. In der neuen Systematik heißen die Liliengewächse nach einer Gemüsepflanze, deren Blüten winzig und unscheinbar sind und bei der im täglichen Leben einzig die Handelsklasse der wohlschmeckenden bleichen Sprosse zählt – dem Spargel. Die wenigsten Menschen könnten eine Spargelblüte skizzieren, aber so sind die Systematiker: Sie nehmen keine Rücksicht auf die Sentimentalität der Blumenliebhaber!

An einem geeigneten Standort, zum Beispiel unter einem ausladenden Laubbaum in einem Park, können sich die Blausterne in wenigen Jahren massenhaft vermehren, und, ähnlich wie Krokus und Schneeglöckchen, große Flächen rasenartig bedecken. Eine solche Fläche erscheint dann wie ein tiefblauer See. Die sehr erfolgreiche Ausbreitung erfolgt von Pflanze zu Pflanze, indem sich die Blütenstängel während der Samenreifung erheblich verlängern und schließlich zur Seite kippen – die neuen Blausternbabys entstehen dann eine Spanne weit von der Mutterpflanze entfernt.

© Springer-Verlag GmbH Deutschland 2018
F. Schade und H. Jockusch, *Betörend, berauschend, tödlich – Giftpflanzen in unserer Umgebung*,
https://doi.org/10.1007/978-3-662-56048-8_10

Die gesamte Scillapflanze ist giftig. Sie enthält Saponine und Herzglykoside (vgl. Fingerhut, Kap. 45). Unter den Mitteln gegen die bei einer Vergiftung durch Scilla eventuell auftretenden Herzbeschwerden wie eine Bradykardie (Verlangsamung des Herzschlags) findet sich auch Atropin, das Gift der Tollkirsche (Kap. 51) als Gegengift.

Zu den nahen Verwandten unserer Scillaarten gehört auch die weißblühende Meerzwiebel der Mittelmeerküsten (früher *Scilla maritima*, jetzt *Drimia maritima*). Gegenüber dem Blaustern erreicht sie geradezu gigantische Maße – der Blütenstand kann über einen Meter hoch werden, die gewaltige Zwiebel übertrifft die Ausmaße der größten Gemüsezwiebeln. Sie ist sehr giftig und wurde früher zur Herstellung von Rattengift verwendet. Das hauptsächliche Gift ist ein Glykosid, das ähnlich den Herzglykosiden des Fingerhuts (Kap. 45) aufgebaut ist und nach dem Gattungsnamen *Scilla* Scillaren genannt wird. Scillaren gehört zu einer Gruppe von Giften, die Bufadienolide heißen – ein Name, der sich von lat. *bufo*, Kröte, herleitet und auf biochemische Querverbindungen zwischen Amphibien- und Pflanzengiften hinweist.

Ganz so gefährlich ist die blaue Gartenscilla nicht, aber Vorsicht ist geboten, da die blauen Sternchen sehr attraktiv für Kinder sind.

**Abb. 10.1   Scilla, Blaustern**, wiss. *Scilla bifolia*, engl. *Alpine squill*, franz. *Scille à deux feuilles*; 4/5 nat. Größe. Zeichnung © Fritz Schade

# 11

# Anemone
## Hahnenfußgewächse, Ranunculaceae
## Giftig

Es gehört zum frühen Frühling, dass der Boden von Buchen- und Eichenwäldern, besonders von feuchten Auwäldern, mit den weißen, unterwärts oft rosa angehauchten Blüten der Anemonen wie von leichtem Schnee bedeckt ist – im Norden wie im Süden Deutschlands.

Die auch Buschwindröschen (griech. *anemos*, Wind) genannten, einblütigen, zierlichen Pflanzen nutzen die Zeit aus, in der das Sonnenlicht noch ungehindert auf den Waldboden fällt. In reinen Nadelwäldern kommen sie nicht vor. Seltener findet man die Gelbe Anemone (*Anemone ranunculoides*) mit hahnenfußgelben Blüten, aber ähnlicher Gestalt und ähnlichen ökologischen Ansprüchen.

Ebenfalls in Laubwäldern, bevorzugt auf kalkreichen Böden, wächst das gedrungene Leberblümchen (*A. hepatica*) mit strahlend blauen, einfachen Blüten vom Hahnenfußbau, aber mit Blättern, deren Umriss dem einer dreilappigen Leber ähnelt.

Die wesentlich größere, weißblühende Waldanemone (*A. sylvestris*) wächst dagegen gerade nicht im Wald, sondern auf mageren Rasen in warmen Lagen, vor allem in Süddeutschland.

Noch größer und stattlicher wird eine weitere Verwandte, die Herbstanemone (*A. hupehensis*) mit weißen oder rosa Blüten, die aus dem nördlichen China und Taiwan stammt und bei uns vom Hochsommer bis in den Spätherbst blüht. Darüber hinaus gibt es eine Reihe von Zieranemonen mit zum Teil wesentlich mehr als sechs Blütenblättern und vielen Blütenfarben, wie Blau, Gelb oder Rot.

Unser Buschwindröschen verschwindet von der Erdoberfläche, sobald im Sommer die Samenreife abgeschlossen ist, und überdauert im Boden mit einem unregelmäßig langgestreckten Wurzelstock, der dünner als ein Bleistift ist.

Die in allen Pflanzenteilen der Anemonen vorhandenen Giftstoffe Anemonin und Protoanemonin und weitere, nicht näher bekannte Substanzen wirken äußerlich hautreizend. Eingenommen können sie Übelkeit, Brechreiz, Blutungen und Nierenschäden hervorrufen.

© Springer-Verlag GmbH Deutschland 2018
F. Schade und H. Jockusch, *Betörend, berauschend, tödlich – Giftpflanzen in unserer Umgebung*,
https://doi.org/10.1007/978-3-662-56048-8_11

Die Anemone hat einem Blumentier der felsigen Meeresküsten, der Seeanemone, ihren Namen geliehen. Mit ihren schlaffen, weichen Fangarmen wiegt diese sich nicht im Wind, sondern im wogenden Meerwasser – und sie ist teuflisch giftig. Das kann man vom Buschwindröschen nicht sagen: Es heißt, erst durch das Verspeisen von 30 Anemonenpflanzen könne ein Erwachsener sterben. Es bietet sich eine alternative Verwendung an: Als Strauß auf dem Tisch, an dem auch Kinder ihre Freude haben können.

**Abb. 11.1  Anemone**, wiss. *Anemone nemorosa*, engl. *Wood anemone*, franz. *Anémone des bois*; 4/5 nat. Größe. Zeichnung © Fritz Schade

# 12

## Schöllkraut
Mohngewächse, Papaveraceae
### Sehr giftig!

Das Schöllkraut kennt keine Jahreszeit. Wenn es im Winter mal etwas milder ist, grünt und blüht es schon in Gartenecken und an Wegrändern. Typisch für dieses Mohngewächs sind die vierzählige Blüte und der Milchsaft, der bei Verletzung des Krauts austritt, aber im Gegensatz zu dem des Mohns nicht weiß, sondern orangegelb ist. In der Kindheit des Autors hieß es, man könne mit diesem, die Haut reizenden Milchsaft Warzen beseitigen. So liest man es auch heute noch, ergänzt durch die Information, dass dieser Saft auch gegen Hühneraugen wirken soll. Tatsächlich gab es in der Volksmedizin eine Reihe medizinischer Anwendungen des Schöllkrauts, aber insgesamt muss man die Pflanze als stark giftig einstufen. Verantwortlich ist ein Alkaloidgemisch, das leicht betäubend, sedierend und krampflösend ist; es lässt willkürliche und glatte Muskulatur erschlaffen, regt aber die Herztätigkeit an und erhöht Blutdruck und Harndrang. Das klingt noch nicht dramatisch, aber bei höheren Dosen kommen innere Entzündungen, Blut im Stuhl, Herzrhythmusstörungen und Blutdruckabfall hinzu. In sehr seltenen Fällen kann die Vergiftung zum Tod führen. Das verantwortliche Alkaloidgemisch wird beim Trocknen der Pflanze abgebaut. Daher sollte es im Heu Pferden und Rindern nicht gefährlich werden, zumal das Schöllkraut meistens nur am Rand der Weiden auftritt.

Für Kinder stellt das Schöllkraut keine besondere Verlockung dar, da es unangenehm riecht und schmeckt.

© Springer-Verlag GmbH Deutschland 2018
F. Schade und H. Jockusch, *Betörend, berauschend, tödlich – Giftpflanzen in unserer Umgebung*,
https://doi.org/10.1007/978-3-662-56048-8_12

**Abb. 12.1   Schöllkraut**, wiss. *Chelidonium majus*, engl. *Celandine*, franz. *Eclaire*; 4/5 nat. Größe. Zeichnung © Fritz Schade

# 13

## Tränendes Herz
### Mohngewächse, Papaveraceae Unterfamilie Erdrauchgewächse, Fumariaceae
### Sehr giftig!

Dreißig oder fünfzig tränende Herzen kann man im Frühling an einer größeren Pflanze sehen – ein Bild der Rührung wie aus Grimms Märchen! Und dieses Erlebnis wird Jahr für Jahr am geeigneten feucht-halbschattigen Standort geboten. Obwohl wir diese Blume mit dem deutschen Bauerngarten verbinden, stammt sie aus Ostasien. Früher hat man sie zu den Mohngewächsen gezählt, heute trennt man sie in der Unterfamilie der Erdrauchgewächse von den eigentlichen Mohngewächsen ab, aber nicht wegen der Herzform ihrer Blüten, sondern weil sie keinen Milchsaft produziert. Das hat sie mit dem hübschen Ackerunkraut Erdrauch gemeinsam, das winzige rosa-purpurne Blüten hat; es wurde früher als Heilpflanze genutzt, ist aber heute nur wenigen bekannt. Vergleichen wir das Tränende Herz mit einer einfachen Mohnblüte, dann haben wir ein ähnliches Verhältnis wie zwischen der einfachen Hahnenfußblüte und der komplex geformten Blüte der Akelei (vgl. Kap. 18, Akelei): Von der Klassik zum Rokoko im Falle der Akelei innerhalb der Hahnenfußgewächse, zur Romantik vom Mohn zum Tränenden Herz. Es wäre doch jammerschade, vor allem für ganz junge Damen, wenn wir die Tränenden Herzen wegen Giftigkeit aus dem Garten verbannen müssten. Es gibt sie auch mit rein weißen Blüten, hier geht die Romantik in einen dekadenten Jugendstil über – Geschmacksache.

Dass Mohngewächse nicht gerade harmlos sind, wissen wir vom Schöllkraut (Kap. 12) und vom Schlafmohn (Kap. 27). Tatsächlich enthalten alle Pflanzenteile des Tränenden Herzens, besonders aber die rübenartige Wurzel, zugleich das Überwinterungsorgan, ein Alkaloidgemisch, von dem mehrere Komponenten Krämpfe und Lähmungen auslösen. Einige dieser Alkaloide finden sich im Schlafmohn, im Schöllkraut, dem engeren Verwandten Erdrauch und anderen Mohngewächsen.

Man kann das Tränende Herz im Garten haben, wenn man darauf achtet, dass Kinder die Herzen nicht in den Mund nehmen. Die übrigen Pflanzenteile üben eigentlich keinen Reiz aus, die Wurzelrübe ist für Kleinkinder unzugänglich.

© Springer-Verlag GmbH Deutschland 2018
F. Schade und H. Jockusch, *Betörend, berauschend, tödlich – Giftpflanzen in unserer Umgebung*,
https://doi.org/10.1007/978-3-662-56048-8_13

**Abb. 13.1   Tränendes Herz**, wiss. *Dicentra spectabilis*, engl. *Bleeding heart*, franz. *Coeur de Marie*; 4/5 nat. Größe. Zeichnung © Fritz Schade

# 14

## Maiglöckchen
### Spargelgewächse, Asparagaceae
### Sehr giftig!

Das Maiglöckchen war die Giftpflanze des Jahres 2014. Es gehört zu den Spargelgewächsen – hier gibt es also giftige und essbare Pflanzen in einer Familie. Maiglöckchen sind eine Bereicherung für jeden Garten. Wenn sie sich wohlfühlen, zum Beispiel an halbschattigen Plätzen mit humosem Boden, breiten sie sich über die Jahre mit ihren schnurförmigen Wurzelstöcken aus und bedecken rasenartig große Flächen. An Stellen, die Kleinkinder erreichen können, sollte man im Spätsommer die roten Beeren entfernen, die besonders attraktiv und gefährlich sind. Wilde Maiglöckchen wachsen wie der heute so beliebte Bärlauch auf feuchten, schattigen Waldböden. Beide haben einfach geformte, frischgrüne Blätter. Der Bärlauch erscheint früher, seine schlaffen Blätter sitzen einzeln an weichen, weißlichen Stängeln, die direkt aus dem Boden kommen. Maiglöckchenblätter erscheinen tütenartig gerollt in Paaren und haben einen steifen Stängel. Jeder kennt den traubig überhängenden Blütenstand des Maiglöckchens, der des Bärlauchs ist eine halbkugelige Dolde mit weißen Sternblüten – allerdings hat der Bärlauch seine beste Zeit für die Küche hinter sich, wenn er im Mai blüht. Die oft beschworene Verwechslungsgefahr zwischen beiden Pflanzen sollte sich eigentlich erübrigen: Nur die Bärlauchblätter geben beim Quetschen den bei manchen Menschen beliebten, penetrant zwiebeligen Geruch ab; Maiglöckchenblätter riechen nur schwach nach Grünzeug.

Die einzelne Maiglöckchenblüte sieht altmodisch aus, wie ein winziger umgestülpter Porzellannachttopf. Ihr Duft ist betörend. Sinnesphysiologen an der Universität Bochum haben vor einigen Jahren mit dem Befund Aufsehen erregt, dass der Maiglöckchenduft mehr mit Frühling und Liebe zu tun hat, als in den herkömmlichen Botanikbüchern und Lyrikbändchen steht. Menschliche Spermien konnten im Experiment einen synthetischen Maiglöckchenduftstoff erkennen und wurden von ihm angelockt. Es drängte sich die Vermutung auf, dass nicht nur Frauen Männer mit Maiglöckchenduft anlocken, sondern dass dies im Mikromaßstab auch für Eizellen und Spermien bei der Befruchtung der Säugereizelle gilt. Diese „Poesie auf Zellniveau" konnte aber nicht bestätigt werden. Vielmehr scheint das altbekannte weibliche Sexualhormon Progesteron den Endspurt der Spermien beim Wettlauf durch den weiblichen Genitaltrakt zu befeuern.

© Springer-Verlag GmbH Deutschland 2018
F. Schade und H. Jockusch, *Betörend, berauschend, tödlich – Giftpflanzen in unserer Umgebung*,
https://doi.org/10.1007/978-3-662-56048-8_14

**Abb. 14.1   Maiglöckchen**, blühend, wiss. *Convallaria majalis*, engl. *Lily of the valley*, franz. *Muguet*; 4/5 nat. Größe. Zeichnung © Fritz Schade

**Abb. 14.2   Maiglöckchen**, fruchtend, wiss. *Convallaria majalis*, engl. *Lily of the valley*, franz. *Muguet*; 4/5 nat. Größe. Zeichnung © Fritz Schade

Der Duftstoff des Maiglöckchens hat nichts mit seinen Giftstoffen zu tun. Die Giftstoffe befinden sich in der gesamten Pflanze, besonders konzentriert aber in Blüten und Früchten, also den für Kleinkinder attraktiven Pflanzenteilen. Es handelt sich um eine Vielzahl verschiedener zuckergebundener Kleinmoleküle (z. B. Convallatoxin). Die Vergiftungssymptome reichen von Übelkeit und Durchfall bis bis zu Brustbeklemmung, rasendem Puls, Blutdruckabfall und Herzstillstand.

Es sollte möglich sein, mit den neuen gentechnischen Methoden der Genomedierung giftfreie Maiglöckchen innerhalb – im Vergleich zur herkömmlichen Züchtung – kurzer Zeit herzustellen. In Deutschland müsste dann „die Politik" entscheiden, ob eine erwiesene Vergiftungsgefahr oder Vorbehalte gegenüber gentechnischen Methoden (in diesem Falle ohne das Einbringen von Fremdgenen) Vorrang haben.

# 15

## Goldlack
### Kreuzblütler, Brassicaceae
### Giftig

Wenn im Frühsommer ganze Landstriche gelb leuchten, dann liegt das an einem nützlichen Kreuzblütler, dem Raps. Viele Küchenpflanzen sind Kreuzblütler: Radieschen, Rettich, Ruccola, Kresse, Senf, alle Kohlarten (nach Kohl, *Brassica*, ist die ganze Pflanzenfamilie benannt, die früher Cruciferae, „Kreuzträger" hieß). Alle Pflanzen, die senfartig riechen, gehören dazu. Ein Kreuzblütler ist auch das winzige Pflänzchen Acker-Schmalwand, *Arabidopsis thaliana*, das seit einiger Zeit in der Forschung eine große Karriere als Modellpflanze macht: Es braucht wenig Platz, wächst schnell und ist deshalb ideal für die Erforschung der genetischen Grundlagen von Entwicklung, Gestaltbildung, Schädlingsabwehr und Stressresistenz von Pflanzen. Für die Analyse des Erbguts von Pflanzen spielt die Acker-Schmalwand eine ähnliche Rolle wie sie der Taufliege *Drosophila* zukommt, die hundert Jahre früher als Untersuchungsobjekt für die Genetik der Tiere eingeführt wurde.

Giftpflanzen sind nicht gerade typisch für diese Familie; die Zierpflanze Goldlack ist eine Ausnahme. Das einjährige, wärmeliebende Kraut stammt aus dem Mittelmeergebiet. Aus der gelbblütigen Wildform sind orange und bronzefarbene Zierformen gezüchtet worden. Sie eignen sich wegen ihrer Genügsamkeit als Steingartenpflanzen, verwildert findet man sie oft am Gemäuer von Burgruinen. Aus seiner Kindheit erinnert sich der Autor an die Haushaltsweisheit, Goldlacksträuße in Vasen sich nicht zu lange selbst zu überlassen: Es kann sich ein penetranter Gestank entwickeln, der auf schwefelhaltige Verbindungen zurückgeht, die auch für den scharfen Geschmack von Senfkörnern, Rettich, Kresse usw. verantwortlich sind. Auch verrottende Stümpfe auf einem abgeernteten Kohlacker können einen bestialischen Gestank verbreiten, der ebenfalls auf diesen Verbindungen beruht.

Aber woher kommt die Giftwirkung des Goldlacks?

Hierfür sind sowohl schwefelhaltige Verbindungen als auch als auch ein schwefelfreies, aus mehreren Ringen bestehendes Molekül verantwortlich, das ähnlich wirkt wie die *Digitalis*-Gifte (vgl. Kap. 45). Alle Pflanzenteile sind giftig, besonders die Samen.

© Springer-Verlag GmbH Deutschland 2018
F. Schade und H. Jockusch, *Betörend, berauschend, tödlich – Giftpflanzen in unserer Umgebung*,
https://doi.org/10.1007/978-3-662-56048-8_15

**Abb. 15.1   Goldlack**, wiss. *Erysimum cheiri*, engl. *Wallflower*, franz. *Giroflée*. Zeichnung © Fritz Schade

# 16

## Aronstab
### Aronstabgewächse, Araceae
### Sehr giftig!

Während die einheimische Art, der Gefleckte Aronstab (*Arum maculatum*), seine hellgrünen Blätter am Ende des Sommers „einzieht", wie die Gärtner sich ausdrücken, und die kalte Jahreszeit im Winterschlaf unter der Erde verbringt, treibt sein italienischer Vetter im Herbst munter seine gelbgrün-dunkelgrün gemusterten Blätter aus, die so aussehen, als müssten sie beim ersten Frost zu Spinat kollabieren. Das tun sie aber nicht: Sie erfreuen uns durch die kalte Jahreszeit und halten ohne eine schützende Abdeckung Frost von minus 10 °C und darunter aus. Zum Vergleich: Die Artischocke, eine sehr dekorative Distelstaude, die wir mit französischer und italienischer Esskultur verbinden, treibt im Herbst ebenfalls frische Blätter – diese erfrieren aber jämmerlich schon bei wenigen Minusgraden. Den einheimischen Gefleckten Aronstab findet man in feuchten Laubwäldern oder unter Hecken. Die merkwürdige Gestalt der beiden Aronstabarten ist sehr ähnlich: Die „Blüte" ist eigentlich ein Blütenstand, der von einem hellgrünen, halbtütenartig gerollten Hochblatt überragt wird, das im unteren Teil einen seitlich geschlossenen Kessel bildet. Daraus ragt beim einheimischen Aronstab ein schmutzig dunkelroter, beim italienischen ein gelber, nach Aas riechender Stab. Im unteren Teil, innerhalb des Kessels, trägt er zwei Kränze kümmerlicher männlicher und weiblicher Blüten. Der Aasgeruch lockt Fliegen in den Kessel, wo sie sich abstrampeln, um wieder in Freiheit zu gelangen, und dabei die Pollen aufnehmen bzw. die weiblichen Blüten bestäuben. Das Ergebnis dieser Minigruselgeschichte kann sich sehen lassen: Nach einiger Zeit verbleibt vom Blütenstand nur der untere Teil des Stabs, auf dem glänzend rote Beeren wie Körner auf einem Maiskolben angeordnet sind. So wird der Italienische Aronstab noch einmal zu einer besonderen Zierde des Gartens. Aber: Wenn es kleine Kinder in der Familie gibt, sollte man den Aronstab gar nicht erst pflanzen, und, falls Kinder zu Besuch kommen, wenigstens die Beeren entfernen und auf diesen Schmuck verzichten.

Der Namensgeber ist Aron oder Aaron, der ältere Bruder von Moses. Bei einem Wettstreit unter den zwölf Stämmen Israels erhielt Aaron durch ein botanisches Gottesurteil die Würde des Hohen Priesters: Jeder Stamm legte einen Holzstab aus. Am nächsten Morgen war Aarons Stab als einziger ergrünt und

© Springer-Verlag GmbH Deutschland 2018
F. Schade und H. Jockusch, *Betörend, berauschend, tödlich – Giftpflanzen in unserer Umgebung*,
https://doi.org/10.1007/978-3-662-56048-8_16

trug Mandeln (4. Buch Mose 17). Später zog Aaron sich aber mit der für damalige Zeiten avantgardistischen Idee der Verehrung des Goldenen Kalbs den Zorn Mose zu, als dieser vom Berg Sinai mit den Gesetzestafeln zurückkehrte. Ob deshalb der heutige Aronstab durch eine düstere Farbe und einen widerlichen Geruch auf uns so ganz anders wirkt als der fröhlich grünende Stab bei Aarons Priesterwahl?

Zur Familie der Aronstabgewächse gehören bekannte Zierpflanzen wie die Drachenwurz (*Calla*) und die tropische Flamingoblume (*Anthurium*), die ebenfalls giftig sind.

Beim Aronstab enthalten alle Pflanzenteile ein noch wenig charakterisiertes Giftgemisch, das zu starker Schleimhautreizung, Herzrhythmusstörung, Nervenlähmung und Blutungen in der Mundhöhle und im Magen-Darm-Kanal führen kann.

**Abb. 16.1   Italienischer Aronstab**, blühend und fruchtend, wiss. *Arum italicum*, engl. *Italian lords-and-ladies*, franz. *Gouet italien*; 4/5 nat. Größe. Zeichnung © Fritz Schade

# 17

# Blauregen, Glyzinie, Wisteria
## Hülsenfrüchtler, Fabaceae
## Giftig

Diese Liane verbindet duftende weibliche Schönheit mit wahrhaft unbändiger Kraftmeierei. Das sommergrüne Gehölz wird als „mächtiger Schlinger" im Handel angeboten. Die Anweisungen für die Pflege dieser prachtvollen Pflanze befassen sich hauptsächlich damit, wie man ihren ungestümen Wuchs eindämmen und sie vom Abreißen der Halterungen und Aushebeln der Dachziegel abhalten kann. Es wird vor „beachtlichen Bauschäden" gewarnt, aber kaum einer spricht davon, dass der Blauregen giftig ist. Früher nannte man die Pflanzenfamilie, zu der der Blauregen gehört, poetisch Schmetterlingsblütler, heute heißt sie eher küchensprachlich Hülsenfrüchtler. Zusammen mit der Bohne (s. Einführung und Kap. 43) sind sechs Hülsenfrüchtler in diesem Buch genannt, die Familie ist also alles andere als harmlos, wie besonders bei Goldregen (Kap. 21) und Robinie (Kap. 25) ausgeführt wird. Neben den prachtvollen blauvioletten gibt es auch weißblütige Sorten.

Der Blauregen ist ein wärmeliebendes Gewächs, das sich an besonnten Hauswänden besonders wohl fühlt. Richtig beschnitten kann er zweimal im Jahr seine duftenden Blütentrauben hervorbringen: Anfang Mai vor dem Blattaustrieb und im Hochsommer an der hellgrün beblätterten Pflanze. Während der Windungssinn von Schlingpflanzen wie der von Schneckenhäusern meist artspezifisch bestimmt ist – man unterscheidet Links- und Rechtswinder (vgl. Kap. 20) – scheinen Glyzinien in dieser Beziehung unentschlossen zu sein: Die Glyzinie an unserer Hauswand hat linksgewundene, gerade und auch rechtsgewundene Sprosse.

Als Hülsenfrüchtler trägt die Pflanze hängende, dicht filzig behaarte, grüne Hülsen, die manchmal nur wenige große Kerne enthalten, welche der Hülse eine tropfenartige Gestalt verleihen. Die reifende, trocknende Hülse entwickelt eine Spannung, die zum plötzlichen Platzen und einer Verdrillung der Hülsenhälften führt, wobei die wie Schokolinsen aussehenden Kerne zum Teil herausgeschleudert werden. Die verdrillten Hülsenhälften bilden sehr dekorative Wendeln, die wie die Hörner der afrikanischen Kudu-Antilope gegenläufigen Windungssinn haben. Die Windung wird aber in diesem Fall nicht durch gerichtetes Wachstum, sondern durch die einander entgegenwirkenden Spannungen in den Hülsenhälften erzeugt.

© Springer-Verlag GmbH Deutschland 2018
F. Schade und H. Jockusch, *Betörend, berauschend, tödlich – Giftpflanzen in unserer Umgebung*,
https://doi.org/10.1007/978-3-662-56048-8_17

**Abb. 17.1   Blauregen, Glyzine**, Blüte, wiss. *Wisteria sinensis*, engl. *Chinese wisteria*, franz. *Glycine de Chine*; 4/5 nat. Größe. Zeichnung © Fritz Schade

**Abb. 17.2    Blauregen, Glyzine,** geöffnete Hülse mit Samen und geplatzte Hülse mit verdrillten Hälften, wiss. *Wisteria sinensis*, engl. *Chinese wisteria*, franz. *Glycine de Chine*; 4/5 nat. Größe. Zeichnung © Fritz Schade

Der am häufigsten angepflanzte Blauregen stammt aus China, wie der wissenschaftliche Artname *W. sinensis* andeutet. Es gibt aber weitere gartentaugliche Arten, beispielsweise aus Japan und Nordamerika.

Alle Teile der Pflanze sind giftig, besonders die Samen. Gifte sind ein Alkaloid, Wistarin und weitere Verbindungen. Zwei Samenkörner („Schokolinsen") können bei Kindern schwere Vergiftungserscheinungen mit Magenbeschwerden, Erbrechen, aber auch Schlafsucht, Kreislaufbeschwerden bis hin zum Kollaps verursachen.

# 18

## Akelei
### Hahnenfußgewächse, Ranunculaceae
### Giftig

Auf feuchten Waldwiesen in Mittel- und Süddeutschland findet man die Gemeine Akelei, meistens tief dunkelblau, manchmal aber auch in hellen, sogar weißen Varianten. Im Gegensatz zur schlichten Wildform sind die in vielen Farben von schwarzblau über purpur, rosa oder gelb gefärbten Gartenformen sehr dekorative, dabei aber äußerst vitale und freche Stauden, deren Büschel von Jahr zu Jahr breiter werden und die sich an geeigneten Stellen, vor allem im Halbschatten, kräftig aussäen. Weder die Blätter noch die Blüten haben die familientypische Gestalt der Hahnenfußgewächse. Vielmehr zeigt die Blüte eine sehr verzwickte dreidimensionale, origamiartige Abwandlung der flachen Hahnenfußblüte, die zu zeichnen ein kleines Kind wohl überfordern würde. Dem anmutigen Pflänzchen hat Dürer eine hübsche Darstellung gewidmet, die sich für ein altmodisches Jungmädchenzimmer eignet. Aber die Akelei beflügelt auch die zoologische Fantasie: Die in der Fünfzahl angeordneten Blütenblätter erinnern an fünf Tauben, die ihre Köpfe zusammenstecken; darauf weist der englische Name der Akelei *Columbine* (von lat. *columba*, Taube) hin.

In der Antike und im Mittelalter hat man der Akelei wohl potenzsteigernde Wirkungen zugeschrieben, dann wieder galt sie wegen ihrer nickenden Blüten als Symbol der Demut. Alle Teile der Pflanze sind giftig, besonders aber die Samen, wobei das Hauptgift ein blausäureabspaltendes Glykosid ist. Durchfall, Pupillenverengung, Benommenheit bis hin zur Ohnmacht werden als Vergiftungssymptome berichtet. Es gibt keine Berichte über dramatische Vergiftungsunfälle, man kann die Akelei also in einem Garten, in dem sie sich wohlfühlt, belassen.

© Springer-Verlag GmbH Deutschland 2018
F. Schade und H. Jockusch, *Betörend, berauschend, tödlich – Giftpflanzen in unserer Umgebung*,
https://doi.org/10.1007/978-3-662-56048-8_18

**Abb. 18.1    Akelei**, wiss. *Aquilegia vulgaris*, engl. *Columbine*, franz. *Ancoline commune*; 4/5 nat. Größe. Zeichnung © Fritz Schade

# 19

## Vielblütiges Salomonssiegel, Vielblütige Weißwurz
### Spargelwächse, Asparaginaceae

## Giftig

Die hier abgebildete Pflanze ist das Vielblütige Salomonssiegel, auch Vielblütige Weißwurz genannt. Sehr ähnlich im Wuchs ist das Einblütige Salomonssiegel, wobei sich diese Angabe auf die Blütenzahl pro Blattpaar bezieht. Die ausdauernden Pflanzen kommen bei uns in der Natur auf frischen Böden der Buchenwälder vor, wo wir auch Anemonen und Maiglöckchen finden. In schattigen Lagen sind sie im Garten mit ihren bogigen Sprossen zurückhaltend dekorative Pflanzen. Sie sind Stauden, die über viele Jahre mit einem weißen Wurzelstock – daher ihr Name „Weißwurz" – überdauern. Die grünen Pflanzenteile verschwinden im Herbst. Der Wurzelstock verlängert sich jedes Jahr um einige Zentimeter, wobei der vorjährige Trieb eine rundliche Narbe hinterlässt, die an ein Siegel erinnert. Die erdachte Verbindung zu König Salomon machte dieses Siegel mythisch und wichtig; dies unterstützt die volksmedizinische Verwendung der Pflanze. Die wundheilende und schleimlösende Wirkung sollte man heute mit besser definierten Drogen erreichen.

Die ganze Pflanze, insbesondere aber die blauschwarzen, leicht bereiften Beeren, sind giftig. Die Giftstoffe sind ein Gemisch aus kleinmolekularen Substanzen, unter anderem Saponine, die Übelkeit, Durchfall und Erbrechen hervorrufen und daher in der russischen Volksmedizin als Brechmittel verwendet wurden.

© Springer-Verlag GmbH Deutschland 2018
F. Schade und H. Jockusch, *Betörend, berauschend, tödlich – Giftpflanzen in unserer Umgebung*,
https://doi.org/10.1007/978-3-662-56048-8_19

**Abb. 19.1   Vielblütiges Salomonssiegel, Vielblütige Weißwurz**, blühend, wiss. *Polygonatum multiflorum*, engl. *Eurasian salomon's seal*, franz. *Scau de Salomon multiflore*; 3/5 nat. Größe. Zeichnung © Fritz Schade

**Abb. 19.2   Vielblütiges Salomonssiegel, Vielblütige Weißwurz**, fruchtend, wiss. *Polygonatum multiflorum*, engl. *Eurasian salomon's seal*, franz. *Scau de Salomon multiflore*; 3/5 nat. Größe. Zeichnung © Fritz Schade

# 20

# Geißblatt, Jelängerjelieber
## Geißblattgewächse, Caprifoliaceae
## Giftig

Warum heißt das Geißblatt Geißblatt – im Deutschen, im Französischen und mit dem lateinischen, wissenschaftlichen Namen? Fressen Ziegen es trotz seiner Giftigkeit? Warum heißt es im Englischen *honey suckle*? Letzteres ist einleuchtend: Die angenehm duftenden Blüten werden von Nachtschwärmern besucht, die mit ihrem langen Rüssel den Nektar aussaugen. Warum heißt es aber im Deutschen auch Jelängerjelieber? Weil man seinen verführerischen Duft umso mehr schätzt, je länger man ihm ausgesetzt ist? Eine alternative Erklärung legt das Hochzeits-Doppel-Selbstporträt von Peter Paul Rubens aus dem Jahr 1610 nahe: Das prächtig gekleidete, sittsam händchenhaltende Paar sitzt nämlich in einer Geißblattlaube, das Jelängerjelieber symbolisierte wohl den Zusammenhalt der Ehe, die in diesem Fall nur durch den relativ frühen Tod der Ehefrau Isabella beendet wurde.

Für eine Schlingpflanze, korrekter gesagt Windepflanze, gibt es zwei Möglichkeiten, im Leben nach oben zu kommen, wenn sie dafür einmal eine geeignete Stütze gefunden hat. Beim Umwinden der Stütze kann sie entweder eine rechtsgängige oder eine linksgängige Wendel bilden. Es gibt normalerweise keine unentschiedenen Pflanzen (siehe aber Glyzinie, Kap. 17, und die Ranken der Zaunrübe, Kap. 39) und der Windungssinn ist artspezifisch festgelegt. Beispiele für rechtsgängige Wendeln sind Schrauben mit normalem Rechtsgewinde oder, im molekularen Maßstab, die Doppelhelix unseres Erbmaterials Desoxyribonucleinsäure (DNS oder DNA). Wenn wir uns vorstellen, dass zum Beispiel ein Draht in Form einer Wendel um einen Zylinder gewunden ist und die Halbwindungen auf unserer Betrachterseite von links unten nach rechts oben verlaufen, dann haben wir eine Rechtswindung. Verlaufen sie von rechts unten nach links oben, dann haben wir eine Linkswindung. Stellen wir den Zylinder auf den Kopf, dann ändert sich hieran nichts. Die Definition taugt für alles Gewundene, von Wendeltreppen über Windepflanzen zu Schrauben und Großmolekülen. Aber wir haben die Rechnung ohne die Botaniker gemacht. Die gucken die Windepflanzen mal von oben, mal von unten an und nennen die Pflanzen, die eine Rechtswendel bilden einen Linkswinder, und solche, die eine Linkswendel bilden, einen Rechtswinder. In diesem (botanischen) Sinne gehört die Prunkwinde (Kap. 48) zu den Linkswindern

© Springer-Verlag GmbH Deutschland 2018
F. Schade und H. Jockusch, *Betörend, berauschend, tödlich – Giftpflanzen in unserer Umgebung*,
https://doi.org/10.1007/978-3-662-56048-8_20

**Abb. 20.1 Geißblatt, Jelängerjelieber,** blühend, wiss. *Lonicera caprifolium*, engl. *Perfoliate honey suckle*, franz. *Chèvrefeuille des jardins*; 4/5 nat. Größe. Zeichnung © Fritz Schade

**Abb. 20.2   Geißblatt, Jelängerjelieber**, fruchtend, wiss. *Lonicera caprifolium*, engl. *Perfoliate honey suckle*, franz. *Chèvrefeuille des jardins*; 4/5 nat. Größe. Zeichnung © Fritz Schade

und damit zur Mehrheit der Windepflanzen, das Geißblatt hingegen zur Minderheit der Rechtswinder (d. h. es bildet an der Stütze eine linksgewundene Wendel). Allerdings hat auch die botanische Definition des Windesinns ihren Sinn (im doppelten Wortsinn): Stellt man sich vor, in einem Fahrzeug in der wachsenden Sprossspitze „mitzufahren", so steuert man beim Linkswinder nach links, beim Rechtswinder nach rechts.

Zu derselben Gattung wie das Geißblatt gehört ein nichtwindender, aufrecht wachsender Vertreter, die einheimische Heckenkirsche (*Lonicera xylosteum*). Da sie nicht windet, erspart sie uns die Spitzfindigkeit über den Windungssinn. Ihr wissenschaftlicher Artname weist auf das knochenartig harte Holz dieses an Waldrändern wachsenden Strauchs hin, sein deutscher Name hingegen darauf, wo bei dieser Gattung eine Vergiftungsgefahr bestehen könnte: Es sind die im Spätsommer am Geißblatt wie an der Heckenkirsche reifenden roten, glänzenden Früchte, eher von Johannisbeer- als von Kirschgröße, die für Kinder durchaus verlockend sein können. Und genau diese Beeren enthalten einen ganzen Giftcocktail (cyanogene Glykoside, Saponine, Xylostein), der vermutlich bei allen Geißblattgewächsen vorkommt. Es wird von Übelkeit, Erbrechen, Fieber, Brustschmerzen, ungewöhnlichem Harndrang, Schwindel, Schweißausbrüchen, Herzrasen usw. nach Genuss dieser Beeren berichtet. Man sollte es jedenfalls nicht darauf ankommen lassen und Kinder von ihnen fernhalten oder auf diese Pflanzen im Garten verzichten.

# 21

## Goldregen
### Hülsenfrüchtler, Fabaceae
### Sehr giftig!

Eine der vier Urgroßmütter des Textautors, eine sehr kurzsichtige Dame, die in Berlin gelebt hat, rief in einem Juni vor 150 Jahren: „Wie herrlich der Goldregen wieder blüht!" Es handelte sich allerdings um den gelben Postwagen, der hinter einem Gebüsch stand. Noch immer ist leuchtendes Gelb die Farbe der Post in Deutschland.

Die hängenden, traubigen Blütenstände des Goldregens sind nicht von ungefähr den blauen des Blauregens (Kap. 17) und den weißen der Robinie (Kap. 25) in der Form sehr ähnlich. In allen drei Fällen sind auch die Einzelblüten typische „Schmetterlingsblüten", weshalb man Bäume, Sträucher und Kräuter mit solchen Blüten Schmetterlingsblütler, Papilionaceae, genannt hat. Mit den neuen Namensgebungen für die Pflanzenfamilien schwindet auch hier die Poesie: Jetzt sind es die Fabaceae, die Bohnenartigen. Im Volksmund heißt der Goldregen zuweilen auch Bohnenbaum – das verweist auf die Verwandtschaft zu den einjährigen Bohnenpflanzen, die ebenfalls Schmetterlingsblüten haben (Kap. 43). Es deutet aber auch auf die Gefährlichkeit des zierlichen Goldregenbaums hin: Aus den Blüten werden grüne Hülsen, die wie Miniaturbohnen aussehen und gerade die richtige Größe für die Puppenstube haben. Und diese Böhnchen sind wie alle Teile des Goldregens sehr giftig.

Die Gifte des Goldregens sind Alkaloide, die in allen Pflanzenteilen, besonders konzentriert aber in den Blüten und den reifen Früchten vorkommen, wie das Cytisin (nach *Cytisus*, dem früheren Gattungsnamen des Goldregens) und das Laburnin (nach dem heutigen Gattungsnamen *Laburnum*). Die Vergiftungserscheinungen beginnen mit Brennen im Rachen, Durst und Übelkeit und setzen sich unbehandelt mit Würgen bis zu blutigem Erbrechen, Lähmungen, Krämpfen, Halluzinationen, Kollaps bis zum Tod durch Atemlähmung fort – ein höllisches Szenario! Drei bis vier Hülsen oder 15 bis 20 Samen sollen für Kinder tödlich sein. Es gibt Berichte über ganze Gruppen von Kindern mittleren Alters, die „Bohnen" des Goldregens gegessen hatten und mit schweren Vergiftungen ins Krankenhaus eingeliefert werden mussten. Der heftige Brechreiz, den die Goldregenalkaloide auslösen, ist eine sinnvolle Reaktion des Körpers, die meist einen schlimmen Vergiftungsverlauf verhindert.

© Springer-Verlag GmbH Deutschland 2018
F. Schade und H. Jockusch, *Betörend, berauschend, tödlich – Giftpflanzen in unserer Umgebung*,
https://doi.org/10.1007/978-3-662-56048-8_21

**Abb. 21.1    Goldregen**, Blüte und unreife Früchte, wiss. *Laburnum anagyroides*, engl. *Golden chain*, franz. *Cytise*; 4/5 nat. Größe. Zeichnung © Fritz Schade

**Abb. 21.2** **Goldregen**, reife Früchte, wiss. *Laburnum anagyroides*, engl. *Golden chain*, franz. *Cytise*; 4/5 nat. Größe. Zeichnung © Fritz Schade

Der Baum ist eine goldgelbe Augenweide, aber nur aus der Entfernung zu genießen – und sollte keinesfalls an Kindergärten oder auf Kinderspielplätzen und Schulhöfen stehen, solange keine giftfreie Sorte zur Verfügung steht (vgl. Kap. 14)!

# 22

# Immergrün
## Hundsgiftgewächse, Apocynaceae
## Sehr giftig!

Die Blüte – ein umwerfendes Blau, in der Form eines fünfzähligen Windrädchens –, dazu glänzend dunkelgrüne Blätter. So imponiert das Große Immergrün aus Südeuropa, etwas bescheidener sieht seine einheimische Schwester, das Kleine Immergrün, *Vinca minor*, aus. Wenn man einen Spross des Großen Immergrüns mit einem Vegetationsknoten erwischt, lässt sich der stibitzte Ableger problemlos im eigenen Garten aufziehen. „Unrecht gut gedeihet nicht" trifft hier nicht zu, an schattigen und halbschattigen Plätzen wächst das Große Immergrün prachtvoll. Liegt es am Klimawandel? Wenigstens in Süddeutschland erweist sich das Große Immergrün schnell als Plage im Garten: Es kommt in Büscheln aus der Erde, sendet meterlange Pioniertriebe, seilt sich von Mauerkronen ab. Vielleicht ist es am erfreulichsten in einem kleinen Bereich des Gartens, aus dem es nicht entkommen kann, zum Beispiel weil es von Hauswand, Pflasterung oder Asphalt umgeben ist. Das Große Immergrün ist zwar in Südeuropa heimisch, ist aber bei uns frosthart. In warmen Wintern kann es auch schon mal im Dezember blühen.

*Vinca*? War da nicht etwas? Die *Vinca*-Alkaloide aus nahe verwandten Arten und synthetische Derivate dieser Naturstoffe sind Zytostatika, sie hemmen die Zellteilung. Das macht einerseits die Giftigkeit dieser Pflanzen aus, andererseits aber auch ihre Verwendbarkeit in der Chemotherapie einiger Krebserkrankungen. Hemmstoffe der Zellteilung wirken natürlich besonders drastisch auf Zellverbände, die sich durch Zellteilung erneuern oder vergrößern. Die sich schnell und unkontrolliert teilenden Tumorzellen werden deshalb bevorzugt angegriffen, aber nicht nur sie werden geschädigt. Eine ständige Zellerneuerung findet in unserem Körper auch im blutbildenden System einschließlich der Immunzellen, in der Darmauskleidung und in den Haarwurzeln statt. Immunschwäche und Haarverlust sind deshalb Nebenwirkungen der Chemotherapie mit Zytostatika. Bei der Eibe (Kap. 55) werden wir auf dieses Thema zurückkommen.

Bei beiden Arten des Immergrüns ist die gesamte Pflanze einschließlich der Wurzeln giftig. Die *Vinca*-Alkaloide senken den Blutdruck und verursachen andere Kreislaufbeschwerden sowie Störungen des Magen-Darm-Trakts.

**Abb. 22.1   Großes Immergrün**, wiss. *Vinca major*, engl. *Bigleaf periwinkle*, franz. *Pervenche grosse* 4/5 nat. Größe. Zeichnung © Fritz Schade

# 23

# Herbstzeitlose
## Zeitlosengewächse, Colchicaceae
## Sehr giftig!

Im Frühjahr sprießen die saftig grünen Blätter der Herbstzeitlose. Man liest „es kommt immer wieder zu Vergiftungsfällen durch Verwechslung mit dem Bärlauch", aber Bärlauchblätter sind spitz eiförmig und haben einen Stängel, die der Herbstzeitlose hingegen schieben sich, ausgehend von einer sehr tief sitzenden Knolle, rinnenförmig aus dem Boden und haben eine charakteristisch eingezogene Spitze. In dem oben zitierten Text wird weiter ausgeführt, dass sich die Blüte der Herbstzeitlose deutlich von der des Bärlauchs unterscheide, doch ist die Information wenig hilfreich, denn die Blüte der Herbstzeitlose erscheint, nachdem die Blätter schon mehrere Monate von der Bildfläche verschwunden sind. Allgemein haben Küchenkräuter meist ihre beste Zeit als Speisezutat hinter sich, wenn sie blühen. Wie beim Maiglöckchen (Kap. 14), dem bekanntesten Verwechslungspartner des Bärlauchs, ist auch bei der Herbstzeitlose das Entscheidende der Geruch: Herbstzeitlosenblätter haben keinen Lauchgeruch und würden auch ungiftig nicht als Küchenkraut taugen. Ein Problem kann es allerdings geben, wenn die Hände durch vorheriges Sammeln so stark nach Bärlauch riechen, dass die Geruchlosigkeit der Herbstzeitlosenblätter nicht mehr auffällt. Am besten ist daher, den Bärlauch nur selbst zu sammeln oder im Garten zu ziehen – geschenktes Bärlauchpesto könnte gefährlich sein!

Hat die Herbstzeitlose im Vorjahr geblüht, so erscheint mit den Blättern eine dicke Samenkapsel, wie wir sie von Liliengewächsen kennen. Die Samenkörner in dieser Kapsel sind besonders giftig: Anderthalb Gramm sollen für Kinder, etwa sechs Gramm für Erwachsene tödlich sein. Tückischerweise setzt die Giftwirkung erst zweieinhalb bis sechs Stunden nach dem Verzehr ein.

Die zarte, violett-rosa Blüte erfreut uns im Spätsommer bis zum frühen Herbst im Garten und auf Wiesen, sie ist noch giftiger als die Blätter. Es gibt Gartenformen mit gefüllten Blüten, eindrucksvoll üppig, nicht jedermanns Geschmack und genauso giftig wie die schlichte Form. Die Herbstzeitlose ist im Norden Deutschlands selten, im Süden ist sie ein häufiger Schmuck des Graslands. Schafe und Rinder scheinen die Herbstzeitlosenblätter und -blüten auf der Weide zu meiden, aber im Heu, in dem die Pflanzenteile ihre Giftigkeit behalten, sind sie nicht zu erkennen.

© Springer-Verlag GmbH Deutschland 2018
F. Schade und H. Jockusch, *Betörend, berauschend, tödlich – Giftpflanzen in unserer Umgebung*,
https://doi.org/10.1007/978-3-662-56048-8_23

Das tödliche Gift, nach dem Gattungsnamen *Colchicum* Colchicin genannt, ist ein Alkaloid, das kompliziert aus drei Kohlenstoffringen mit Seitenketten aufgebaut ist. Es blockiert als Spindelgift die Teilung tierischer und pflanzlicher Zellen, indem es sich an die Proteinbausteine des Spindelapparats bindet, der die Chromosomensätze in der Spätphase der Zellteilung trennt. Dies erklärt seine verzögerte Wirkung im Vergleich zu anderen Alkaloiden. Pflanzenzüchter haben Colchicin verwendet, um durch die Blockade der Chromosomentrennung Pflanzen mit vervielfachten Chromosomensätzen herzustellen, die kräftiger als die Ausgangssorten sind. Eine solche Vervielfachung des Erbguts durch Zellteilungsfehler hat allerdings auch ohne Manipulation durch Zuchtwahl besonders kräftiger Pflanzen stattgefunden.

Der niedliche Goldhamster, auch Syrischer Hamster genannt, wird erst durch sehr viel höhere Colchicinkonzentrationen vergiftet als andere Nager wie Mäuse, Ratten und Kaninchen. Wahrscheinlich hat er diese relative Resistenz in seiner Heimat durch natürliche Zuchtwahl (wie Darwin das nannte) herausgebildet und sich damit in Form der saftigen Herbstzeitlosenblätter eine zusätzliche Nahrungsquelle erschlossen.

Man kann allerdings auch etwas Gutes über Colchicin sagen: Sorgfältig dosiert wird es als Medikament gegen Gicht eingesetzt. Allerdings muss man mit Nebenwirkungen auf den Magen-Darm-Trakt und das Nervensystem (Gefahr der Polyneuropathie) rechnen. Colchicin wird auch in der Homöopathie angeboten, in Form von Globuli – die anfänglich bedrohliche Giftigkeit wird bei deren Herstellung durch „Verreibung" und stufenweise „Potenzierung" herausverdünnt.

**Abb. 23.1   Herbstzeitlose**, fruchtend (*links*), blühend (*rechts*), wiss. *Colchicum autumnale*, engl. *Meadow saffron*, franz. *Colchique d'automne*; 3/5 nat. Größe. Zeichnung © Fritz Schade

# 24

## Besenginster
### Hülsenfrüchtler, Fabaceae
### Giftig

Die Pflanzensystematiker wollen einen partout unglücklich machen: Der Besenginster sei eigentlich gar kein Ginster, sondern ein Geißklee, und die Familie der Schmetterlingsblütler ist nun zur Unterfamilie erklärt. Als Kind hat der Autor in der Nähe des Taunus gelebt, dieses alte, schon reichlich abgetragene Gebirge verläuft von West nach Ost und sorgt für ein besonders mildes Klima an seiner Südflanke. Die Taunusberge sind durch die Ostwestausrichtung relativ wasserarm, und außerdem ist der magere Boden sauer. Dies sind ideale Verhältnisse für den Roten Fingerhut (Kap. 45) und den Besenginster, den man als Autofahrer an baumlosen Autobahnböschungen sieht, die er im Frühsommer mit seinen sattgelben Blüten schmückt. Es gibt auch Gartenformen mit creme- oder orangefarbenen Blüten. Das Besondere am Besenginster sind die kantigen, grünen, fast blattlosen Sprosse, die man früher zu Besen verarbeitet hat, wie auch der englische Name *broom* sagt, ob auch zur Rute des Knecht Ruprecht, ist unklar. Oder waren das Birkenreiser?

Der Besenginster ist nicht ganz frosthart und kann bei strengem Frost bis auf die bodennahen Teile zurückfrieren. Andererseits ist er aber eine effiziente Pionierpflanze, die aufgeschüttete Böden festigen und für anspruchsvollere Pflanzen wie Waldbäume vorbereiten kann. Als typischer Hülsenfrüchtler ist er mit Bodenbakterien vergesellschaftet, die Luftstickstoff aufnehmen und ihn den Pflanzen in Form von Ammoniumionen verfügbar machen. Das konnten diese Bakterien schon lange vor dem Chemiker Fritz Haber, der 1919 für ein entsprechendes technisches Verfahren den Nobelpreis für Chemie erhalten hat.

Was den Giftgehalt betrifft, so ist bei Hülsenfrüchtlern immer Vorsicht geboten. Die gesamte Ginsterpflanze enthält ein Gemisch von kleinmolekularen Giftstoffen, darunter diuretisch wirkende und herzwirksame, letztere aber ohne die positiven Wirkungen der *Digitalis*-Glykoside (Kap. 45, Fingerhut). Die Vergiftungserscheinungen sollen ähnlich denen des Nikotins sein. Ein Ginsterbusch stellt aber für Kinder keine besondere Verlockung dar.

© Springer-Verlag GmbH Deutschland 2018
F. Schade und H. Jockusch, *Betörend, berauschend, tödlich – Giftpflanzen in unserer Umgebung*,
https://doi.org/10.1007/978-3-662-56048-8_24

**Abb. 24.1 Besenginster**, links unreife Früchte, wiss. *Cytisus scoparius*, engl. *Broom*, franz. *Genêt à balais*; 4/5 nat. Größe. Zeichnung © Fritz Schade

# 25

## Robinie, Falsche Akazie
### Hülsenfrüchtler, Fabaceae
## Sehr giftig, vor allem Samen, Holz und Rinde!

Dieser Baum wird häufig, meist unter dem Namen Akazie oder Falsche Akazie, als Straßenbaum angepflanzt, da er gegen das Stadtklima sehr widerstandsfähig ist. Als solcher muss er oft einen Kugelschnitt der Krone erleiden, damit er ordentlich aussieht. Im Wuchs an eine echte Akazie erinnert der Baum, der ursprünglich aus dem südlichen Mittelwesten der USA stammt, wenn er an Bahndämmen und Böschungen, an Feldrändern oder auf Schuttplätzen verwildert ist und seine etagenartig gegliederte Krone ungehindert ausbreiten kann. Im Mai bis Juni hängen wunderbar duftende Blütentrauben an den nicht beschnittenen Bäumen, meist in ziemlicher Höhe. Die Blüten sind eine beliebte und ergiebige Bienenweide und liefern den sehr flüssigen, aromatischen Akazienhonig, den man aus verkaufstechnischen Gründen nicht gut „Falschen Akazienhonig" nennen kann. Aus den Blüten werden später Hülsen, die wie kleine Bohnenschoten aussehen und Minibohnenkerne enthalten. Wenn die trockenen Hülsen aufplatzen, bleiben meist noch einige Kerne darin hängen. Da die Hülse papierleicht ist, kann sie sich mit dem Wind in die Lüfte erheben und die Verbreitung der Samen befördern, vielleicht sogar wirksamer, als es die Flügel der Ahornsamen können. Achtung: Kinder sollten die auffälligen „Bohnen" nicht aufsammeln und zum Spielen in der Puppenküche verwenden – es gilt dasselbe wie beim Goldregen (Kap. 21): Der Robinienbaum mit allem Drum und Dran ist sehr giftig, das gilt besonders für Früchte, Rinde und Holz! Die jungen Bäumchen vertrauen nicht nur auf ihr Gift, sondern sind zudem mit kräftigen Dornen bewehrt.

Das Holz der Robinie ist sehr dicht, hart und spröde, daher schwer zu bearbeiten, aber auch besonders haltbar und widerstandsfähig, auch gegen Fäulnis. Bei der Holzbearbeitung denkt man nicht unbedingt an eine mögliche Giftwirkung; das sollte man bei der Robinie aber unbedingt, und vor allem sollte man bei Schleifarbeiten Atemschutz tragen. Mindestens gesundheitsschädlich ist allerdings auch der Staub anderer Hölzer wie Buche und Eiche.

Die Robinie ist ein Beispiel für einen Neophyten, eine neu eingeführte Pflanzenart, die so anspruchslos ist, dass sie sich ohne Zutun des Menschen

© Springer-Verlag GmbH Deutschland 2018
F. Schade und H. Jockusch, *Betörend, berauschend, tödlich – Giftpflanzen in unserer Umgebung*,
https://doi.org/10.1007/978-3-662-56048-8_25

**Abb. 25.1   Robinie**, unreife Früchte und Blüte, wiss. *Robinia pseudoacacia*, engl. *False acacia*, franz. *Faux acacia*; 4/5 nat. Größe. Zeichnung © Fritz Schade

**Abb. 25.2   Robinie**, Frucht, wiss. *Robinia pseudoacacia*, engl. *False acacia*, franz. *Faux acacia*; 4/5 nat. Größe. Zeichnung © Fritz Schade

weiter ausbreiten und einheimische Pflanzen zurückdrängen kann. Nach dem Zweiten Weltkrieg wurde diese Ausbreitung durch die Trümmerflächen in den Städten begünstigt, heute hilft der Klimawandel der wärmeliebenden Art. Allerdings ist die Bedeutung der Vorsilbe „neo" relativ zu sehen: Seit über 300 Jahren wächst die vom Menschen eingeschleppte und auch forstwirtschaftlich genutzte Robinie in Mitteleuropa. Aber auch die einheimischen Gehölze hatten sich während der letzten Eiszeit aus Mitteleuropa verabschiedet und kamen vor etwa 10.000 Jahren als Heimkehrer aus dem Süden zu uns zurück.

Die wirksamsten Giftstoffe der Robinie sind Proteine, die an Zuckergruppen von Zelloberflächen binden. Diese Lektine (zellerkennende Eiweiße) oder Toxalbumine (giftige Eiweiße), hier Phasin und Robin genannt, erkennt man daran, dass sie im Experiment rote Blutkörperchen verklumpen. Im Magen-Darm-Trakt greifen sie die zarte, den Darm auskleidende Zellschicht an. Als Proteine werden sie durch Kochen inaktiviert. Der Name Phasin weist auf das Vorkommen auch in Gemüse- und Feuerbohnen hin, die man deshalb nicht roh verzehren sollte (vgl. Kap. 43). Die Vergiftungssymptome reichen von Erbrechen zu Schlafsucht und krampfhaften Zuckungen. Über tödliche Vergiftungen von Pferden, die Robinienrinde genagt hatten, ist berichtet worden.

# 26

## Hanf
### Hanfgewächse, Cannabaceae
### Giftig

Die in warmen Weltgegenden beheimatete einjährige Hanfpflanze wird als wahrer Alleskönner seit Jahrtausenden kultiviert. Aus den äußerst robusten Bastfasern wurden jahrhundertelang Gewebe, Hanfseile und mächtige Schiffstaue gefertigt, bis sie durch Kunstfasern ersetzt wurden – Reste von diesen findet man jetzt türkisblau oder leuchtend orange gefärbt an den Meeresstränden oder als Nistmaterial der prächtigen Basstölpel auf Helgoland. Die Hanffaser hat aber neue technische Einsatzmöglichkeiten gefunden, zum Beispiel als Dämmstoff und Zusatz zu synthetischen Kunststoffen.

Wie Ginkgo und Zaunrübe (vgl. Kap. 39) ist Hanf zweihäusig, das heißt, die beiden Geschlechter – männlich und weiblich – sind wie bei den meisten Tieren einschließlich dem Menschen auf verschiedene Individuen verteilt. Wie beim Ginkgo unterscheiden sich die beiden Geschlechter der etwa ein bis anderthalb Meter hohen Hanfpflanzen im Wuchs: Die weiblichen Pflanzen sind rundlicher, die männlichen schlanker. Die Blütenstände sind unscheinbar grünlich, die weiblichen knuddelig gedrängt, die männlichen offener.

Die ölreichen Samen sind hübsche, glänzend graubraune Nüsschen, drei bis vier Millimeter groß, und erscheinen wie Walnüsse aus zwei Hälften zusammengesetzt. Sie sind ein von körnerfressenden Vögeln begehrter Futterbestandteil, werden aber auch unbehandelt oder geröstet zum menschlichen Verzehr angeboten. Unbehandelt sind sie keimfähig.

In Freiburg, im warmen Breisgau, gab es vor einiger Zeit folgende Zeitungsmeldung: „Polizei stürmt Mehrfamilienhaus, da auf einem Balkon Hanfpflanzen gesichtet wurden". Hier geht es natürlich um die Gewinnung des Cannabisrauschgifts. Die betreffenden Hanfprodukte werden umgangssprachlich je nach Verarbeitungsgrad als Gras bzw. Marihuana (die getrockneten weiblichen Blüten) oder Haschisch (das getrocknete Harz) bezeichnet. Die unbefruchteten weiblichen Blüten enthalten die höchste Konzentration der begehrten Droge (sechs bis zwanzig Prozent!), die männlichen Pflanzen insgesamt weniger als die weiblichen, die Samenkörner, das daraus hergestellte Öl und aus den Blättern destillierte ätherische Öle sind frei davon, die Fasern aus dem Bast natürlich auch.

© Springer-Verlag GmbH Deutschland 2018
F. Schade und H. Jockusch, *Betörend, berauschend, tödlich – Giftpflanzen in unserer Umgebung*,
https://doi.org/10.1007/978-3-662-56048-8_26

Hier reden wir nicht von einem in geringsten Konzentrationen tödlichen Gift, sondern von einer psychoaktiven Substanz, chemisch nach dem Gattungsnamen *Cannabis* als Tetrahydrocannabinol (THC) bezeichnet – ein mit vier zusätzlichen Wasserstoffatomen versehenes Cannabinol (CBN), das eine deutlich geringere psychoaktive Wirkung besitzt als THC. THC ist ein kleines Molekül aus drei Sechsringen und verschiedenen Gruppen, die aus Kohlenstoff-, Wasserstoff- und Sauerstoffatomen bestehen. Diese Atome bilden bei gleicher Strukturformel des Moleküls vier verschiedene räumliche Anordnungen (Stereoisomere), von denen nur eine Form stark psychoaktiv wirksam ist. Dass man die berauschenden Hanfprodukte meistens als „Joint kifft", also raucht, zeigt, dass sie wie Nikotin verdampft werden können, hitzestabil sind und über die Lunge aufgenommen werden. Man kann sie aber auch eingebettet in fettige Süßigkeiten, „Space Cookies", oder in Tee gemischt zu sich nehmen und über den Verdauungstrakt aufnehmen. Der Autor hat in den 1970er-Jahren einen unansehnlichen, grünlichen, walnussgroßen Klumpen mit den Worten „Gras zum Probieren" geschenkt bekommen, der dröge Deutsche sollte wohl mal ein bisschen aufgemischt werden. Das Einatmen der Schweldämpfe hat damals jedoch bestenfalls ganz leichte Kopfschmerzen verursacht.

Von psychoaktiven Substanzen erwartet man, dass es im Zentralnervensystem Eiweißmoleküle, Rezeptoren gibt, an die sie andocken, und damit körpereigene Signalmoleküle simulieren (vgl. Kap. 27). Mehrere Typen solcher Cannabinoidrezeptoren sind gefunden worden. Zwei davon sind als Zellmembran durchspannende Proteine charakterisiert worden, von denen einer in Nervenzellen, der andere im Immunsystem vorkommt. Ihre natürlichen, körpereigenen Signalmoleküle sind Kleinmoleküle aus dem Fettsäurestoffwechsel. Einem davon, Anandamid, hat man einen Namen gegeben der sich von Ananda, dem Sanskritwort für Glückseligkeit ableitet (Ref. Link). Der Mechanismus durch den THF als körperfremdes Botenmolekül psychodelische Erfahrungen auslöst, ist aber bisher unverstanden (https://de.wikipedia.org/wiki/Cannabinoid-Rezeptor_1, https://en.wikipedia.org/wiki/Endocannabinoid_system).

In der Bundesrepublik sind Hanfprodukte derzeit als Rauschmittel illegal, während sie in den Niederlanden in „Coffee-Shops" erhältlich sind und ihr Genuss in kleinen Mengen legal ist. Dies hat zu einem Tourismus Jugendlicher aus dem Ruhrgebiet ins nahe Nachbarland geführt, wo das Symbol des grünen handförmigen Hanfblatts an den Coffee-Shops winkt. Durch die Fluren billiger Hotels zogen dann nachts Rauchschwaden mit dem charakteristischen süßlichen Geruch. Inzwischen ist der Verkauf von Hanfprodukten an Ausländer eingeschränkt.

**Abb. 26.1 Hanf**, wiss. *Cannabis sativa*, engl. *Hemp*, franz. *Chanvre*. 1/2 nat. Größe. Zeichnung © Fritz Schade

Da *Cannabis*-Produkte in der Medizin der Schmerzlinderung und der Behandlung zahlreicher anderer Krankheiten (z. B. von Krämpfen bei Multipler Sklerose) dienen, entspricht die rechtliche Situation um Besitz, Genuss, Import, Inverkehrbringen und Verschreibung dieser Substanzen einem derzeit in ständigem Wandel begriffenen Flickenteppich, sowohl was Deutschland und seine Nachbarländer, als auch die Bundesstaaten der USA angeht. Seit dem 1. März 2017 können Cannabisprodukte für medizinische Zwecke verschrieben werden, sie müssen allerdings aus dem Ausland importiert werden, da es derzeit in Deutschland keinen legalen, staatlich kontrollierten Hanfanbau gibt. Die Tendenz ist, auf lange Sicht auch den privaten Konsum von Kleinstmengen zu legalisieren, auch um den kriminellen Drogenhandel einzudämmen. Bei unseren südlichen Nachbarn, den doch sonst für Nüchternheit bedachten Schweizern, ist jetzt eine Hanf-Tabak-Zigarette legal im Handel, deren geringer THC-Gehalt wohl kaum einen Rausch hervorruft, mit deren Konsum man sich aber auf jeden Fall den schädlichen Nebenwirkungen des Nikotins (vgl. Kap. 52) aussetzt. Die Einfuhr des Produkts nach Deutschland ist verboten.

Das Hauptargument gegen den Konsum berauschender Hanfprodukte, vor allem durch Jugendliche, ist ihre Funktion als Einstiegsdroge und die Erleichterung des Zugangs zu harten, lebenszerstörenden Rauschgiften (vgl. Kap. 27 und 48).

Wenn man sich nicht in einer medizinisch begleiteten Schmerztherapie befindet, ist es wohl am besten, sich am feingliederig handförmigen Blatt der Hanfpflanze nur von Ferne zu erfreuen.

# 27

## Schlafmohn
### Mohngewächse, Papaveraceae
## Stark giftig

In der Kindheit des Textautors hieß er einfach Mohn – im Gegensatz zu dem Ackerunkraut Klatschmohn und dem ausdauernden prachtvollen Türkischen Mohn der Gärten.

Die winzigen, meist blauschwarzen Samenkörner des Mohns sind wohlschmeckend, zieren auch angeröstet den Rücken delikater Brötchen und sind als Hauptbestandteil von Mohnkuchen in manchen Familien Kult, vor allem um die Weihnachtszeit. Wer in den Hungerjahren nach dem Zweiten Weltkrieg zu den Glücklichen gehörte und etwas Gartenland besaß oder pachten konnte, der baute daher neben dem Grundnahrungsmittel Kartoffel häufig auch Mohn an. Die knapp einen Meter hohen Pflanzen mit dem silbergrauen Laub und den großen prachtvoll gefärbten Blüten – weiß, rosa oder rot mit dunklem Mal am Grunde der Blütenblätter – waren etwas fürs Auge und versprachen Kapseln mit den wertvollen, ölreichen Körnern. Auf diese hatten es aber auch die Meisen abgesehen – sie warteten die Reife der Kapseln, die die Voraussetzung für trockene haltbare Körner ist, allerdings gar nicht erst ab und pickten die noch blaugrünen Kapseln frech seitlich an, um zu den Körnern zu gelangen. Die gefiederten Freunde waren verhasste Nahrungskonkurrenten und die verletzte Mohnkapsel sonderte weiße Tränen ab.

Und diese Tränen haben es in sich: Getrocknet erbringen sie als Rauschgift Opium weit mehr Geld als die Körner für Mohnkuchen oder die Ölgewinnung. Das Rohprodukt Opium enthält etwa vierzig verschiedene Alkaloide, von denen das Schmerzmittel und Rauschgift Morphin (früher Morphium genannt, nach Morpheus, dem griechischen Gott der Träume) und das (in Deutschland rezeptpflichtige) Mittel zur Hustenlinderung Codein die bekanntesten sind. Aus dem natürlichen Morphin kann durch eine einfache chemische Veränderung (Anlagerung zweier Essigsäurereste, Acetylierung) das vielfach wirksamere und deshalb gefährliche Suchtmittel Heroin (das „heldenhafte" Schmerzmittel, Verkaufsname der Herstellerfirma Bayer, 1896) hergestellt werden.

Schon vor Tausenden von Jahren wurde Mohn kultiviert, die einschläfernde und schmerzstillende Wirkung seiner Alkaloide war bekannt und wurde genutzt. Heute ist die hübsche und einst als harmlos angesehene Mohnpflan-

© Springer-Verlag GmbH Deutschland 2018
F. Schade und H. Jockusch, *Betörend, berauschend, tödlich – Giftpflanzen in unserer Umgebung*,
https://doi.org/10.1007/978-3-662-56048-8_27

ze bzw. deren Inhaltsstoffe bei uns Gegenstand des Betäubungsmittelgesetzes – und das versteht keinen Spaß: Um auf maximal zehn Quadratmetern für drei Jahre Schlafmohn anbauen zu können, muss eine Privatperson eine kostenpflichtige Genehmigung einholen – in der DDR wurde hingegen bis zur Wiedervereinigung Schlafmohn gewerbsmäßig angebaut, in der Schweiz ist der Anbau gestattet, in Österreich hat er eine Jahrhunderte alte Tradition und wird auch heute noch in größerem Umfang völlig legal betrieben. Weltweit liegen die größten Anbaugebiete heute in Afghanistan, Myanmar und Mexiko.

Warum führt die Erzeugung krampflösender und schmerzlindernder Naturprodukte zu drakonischen Strafandrohungen oder stürzt ganze Länder wie Afghanistan in nicht enden wollende kriegerische Auseinandersetzungen?

Opioide wie Morphin binden an Opioidrezeptoren im Körper. Aber diese Eiweißmoleküle, die im Gehirn, im Rückenmark, aber auch im Verdauungssystem zu finden sind, sind natürlich nicht als Bindungsstellen für Opioide aus Pflanzen oder chemischen Labors, sondern für körpereigene Botenstoffe vorgesehen, zum Beispiel Enkephaline, kurze gefaltete Ketten aus fünf Aminosäuren. Die Ausschüttung dieser körpereigenen Peptide und ihre Bindung an die Opioidrezeptoren vermitteln Glücksgefühle. Man bezeichnet sie deshalb als Endorphine, also körpereigene Morphine, die unter den populären Begriff „Glückshormone" fallen. Das Teuflische an den von außen zugeführten Opioiden ist ein Gewöhnungseffekt, der, auch bei ihrer Verwendung als Schmerzmittel, dazu führt, dass bei langfristiger Behandlung die Dosis immer weiter gesteigert werden muss. Dieser Effekt ist bei der Verwendung als Rauschmittel, insbesondere beim Heroin, so dramatisch, dass aus Abhängigkeit Sucht entsteht, die ungeheure kriminelle Energien freisetzt und Zehntausende junger Menschenleben vernichtet. Im 19. Jahrhundert wurde Opium als perfide Kriegswaffe der Briten gegen China eingesetzt.

Besonders charakterstarke Menschen wie der geniale Lyriker Charles Baudelaire (1821–1867, der unter anderem den Gedichtband „Les Fleurs du Mal", „Die Blumen des Bösen", verfasste) und der spätere Medizin-Nobelpreisträger Emil von Behring (1854–1917) haben trotz ihrer Morphinabhängigkeit hervorragende Leistungen hervorgebracht – aber sie sind Ausnahmen.

Und warum produziert der Schlafmohn überhaupt Opioide? Der Mensch hat Erbfaktoren, die die Aminosäureabfolge der Endorphine und der dazugehörigen Rezeptoren steuern. Die pflanzlichen Opioide sind dagegen kleine Moleküle aus dem Sekundärstoffwechsel der Pflanze, Billigware, wenn man so will, vielleicht Nebenprodukte ohne besondere Bedeutung für die Pflanze, ohne Zweck, die aber zufällig genau auf die Opioidrezeptoren passen. Der Türkische Mohn, eine prachtvolle beliebte Gartenstaude ist nicht ganz harmlos,

**Abb. 27.1   Schlafmohn**, Knospen, Blüten, Kapsel, wiss. *Papaver somniferum*, engl. *Breadseed poppy*, franz. *Oeillette*. 1/2 nat. Größe. Zeichnung © Fritz Schade

da sein Milchsaft morphinverwandte Alkaloide enthält. Der feuerrote einjährige Klatschmohn ist nicht psychaktiv, aber durch Alkaloide giftig. Er ist die Nationalblume Polens. Aufgrund seines massenhaften Auftretens auf den im Ersten Weltkrieg verwüsteten Schlachtfeldern Flanderns ist er in England zum Symbol für die Erinnerung an die Gefallenen geworden.

# 28

# Rhododendron
## Heidekrautgewächse, Ericaceae
### Giftig bis sehr giftig!

Eine der für den Menschen erfolgreichsten Kooperationen zwischen Blütenpflanzen und Insekten ist die Herstellung von Honig aus Nektar durch Honigbienen. Im Alten Testament sind Milch und Honig im Überfluss die Kennzeichen des gelobten Landes Kanaan, das Gott dem Volk Israel versprochen hat. Wer würde da vermuten, dass im Altertum Honig als Kriegswaffe eingesetzt wurde? Und doch ist es geschehen und zwar in der Region Pontos am Schwarzen Meer, der heutigen türkischen Schwarzmeerküste. Das mächtige Rom versuchte in mehreren Kriegen den dort herrschenden König Mitridathes in die Knie zu zwingen. Letztlich ist dies gelungen, aber im Jahr 67 vor unserer Zeitrechnung hat der römische Konsul Gnaeus Pompeius eine Schlappe erlitten. Seine vorrückende Armee plünderte ein Honiglager. Statt des erhofften Energieschubs für die erschöpften Soldaten stellten sich Übelkeit, Verwirrtheit und Durchfälle ein; die Armee war für einen Tag kampfunfähig und wurde von den Verteidigern geschlagen. Was war geschehen? Das Honiglager war eine Falle, der Honig war giftig, aber nicht, weil er von Menschen vergiftet worden war, sondern weil ihn die Bienen aus dem giftigen Nektar der gelb blühenden Pontischen Azalee (*Rhododendron ponticum*) erzeugt hatten, die an der Südküste des Schwarzen Meeres massenhaft vorkommt. Auch heute führt die Azaleentracht gelegentlich zu giftigem „pontischem Honig", der ab und zu in Deutschland als türkische Importware auftaucht.

Neben den laubabwerfenden, früh blühenden Azaleen umfasst die Gattung *Rhododendron* unsere Alpenrosen (*Rhododendron ferrugineum* und *Rh. hirsutum*), die als Topfpflanzen gehandelten kleinen immergrünen Azaleen und die großen Rhododendren unser Gärten und Parks. Die laubabwerfenden, früh gelb, orange, rosa oder violett blühenden Azaleen sind beliebte Garten- und Parksträucher. Die großen immergrünen Gartenrhododendren beeindrucken in Parks und auf Friedhöfen als riesige Büsche von sechs und mehr Metern Höhe, vor allem im feuchtkühlen Klima Nordwestdeutschlands. Großblütige Rhododendren finden sich wild in Asien und Nordamerika; die bekanntesten Gartensorten sind Kreuzungen von Kreuzungen von Kreuzungen dieser Wildpflanzen, also ein genetisches Kuddelmuddel, sodass man keinen Artnamen mehr angeben kann, sondern nur die Sortenbezeichnungen der Züchter.

© Springer-Verlag GmbH Deutschland 2018
F. Schade und H. Jockusch, *Betörend, berauschend, tödlich – Giftpflanzen in unserer Umgebung*,
https://doi.org/10.1007/978-3-662-56048-8_28

Wir kennen vor allem weiße, rosa, violette und purpurrote Varietäten, die sich außerdem in der Blütenform, der Zeichnung des Blütenschlunds und dem Zeitpunkt der Blüte unterscheiden.

Beim Anblick von Rhododendren denkt niemand an Giftpflanzen. Aber bei der gesamten Pflanzengruppe ist Vorsicht geboten, da mindestens die Blätter ein Gemisch von kleinmolekularen Giftstoffen (sogenannten Diterpenen) enthalten, die chemisch denen der Thuja (vgl. Kap. 58) ähneln und unter dem Namen Grayanotoxine bekannt sind. In der Volksmedizin wurden früher Auszüge aus Rhododendronblättern verwendet. Diese können sehr gefährlich sein, da sie, je nach Ausgangsmaterial und Konzentration, zur Pulsverlangsamung, Blutdruckabfall, Krämpfen, Herzversagen und Atemstillstand führen können.

Rhododendron als Giftpflanze macht dreierlei deutlich. Erstens: Auch bei einer sehr bekannten und in vielen Gärten verbreiteten Pflanze ist nicht jedermann bewusst, dass sie giftig ist. Zweitens: Ein Garten mit immergrüner Sichtschutzbepflanzung wird immer einen erheblichen Anteil an giftigen Gehölzen enthalten (vgl. Kap. 32, 55–59). Drittens: Ein Pflanzengift kann tückischerweise über giftigen Nektar und Pollen sogar im Bienenstock landen, ohne den Bienen zu schaden, und findet so schließlich als Honig den Weg auf den Frühstückstisch – das ist aber ein seltenes Ereignis.

Wenn man sich der Giftigkeit der Rhododendronarten bewusst ist und Kinder entsprechend aufklärt, braucht man auf Rhododendron nicht zu verzichten. Vor allem die hohen Gehölze stellen keine unmittelbare Verlockung für Kleinkinder dar.

**Abb. 28.1  Rhododendron**, erblühend, wiss. *Rhododendron* sp- engl. *Rhododendron*, franz. *Rhododendron*; 3/5 nat. Größe. Zeichnung © Fritz Schade

# 29

# Schwarzer Nachtschatten
## Nachtschattengewächse, Solanaceae
## Sehr giftig

Nachtschattengewächse sind in diesem Buch insgesamt neunmal vertreten (Bittersüßer Nachtschatten, Kap. 30; Giftbeere, Kap. 38; Schwarzes Bilsenkraut, Kap. 44; Kartoffel, Kap. 47; Stechapfel, Kap. 50; Tollkirsche, Kap. 51; Tabak, Kap. 52; Engelstrompete, Kap. 53), sie sind also prominente Giftmischer unter den Pflanzen. Die Nutzpflanzen aus der Familie wie Tomate und Kartoffel sind zwar ursprünglich nicht in Europa beheimatet, sie sind aber aus der heutigen Küche nicht mehr wegzudenken. Zwei Nachtschattenarten begegnen uns als Unkräuter im Garten. Der Schwarze Nachtschatten, nach der Farbe seiner Beeren benannt, ist ein recht häufiges, einen halben Meter hohes, unscheinbares Kraut, das uns an Zäunen, auf ungepflegten Beeten und Schuttplätzen begegnet.

Die Beziehung zwischen Mensch und Nachtschatten ist zwiespältig: Es heißt, dass die Blätter des Schwarzen Nachtschattens mancherorts zu Spinat und die schwarzen Beeren zu Kompott verkocht werden. Ersteres ist vermutlich mit einem Blanchiervorgang verbunden, bei dem das erste Kochwasser abgegossen wird. Die angebliche Genießbarkeit des Kompotts erklärt sich wohl dadurch, dass der Giftgehalt wie bei der Tomate während der Fruchtreifung abnimmt. Alle Teile des Nachtschattens sind giftig, besonders die unreifen Beeren.

© Springer-Verlag GmbH Deutschland 2018
F. Schade und H. Jockusch, *Betörend, berauschend, tödlich – Giftpflanzen in unserer Umgebung*,
https://doi.org/10.1007/978-3-662-56048-8_29

Betörend, berauschend, tödlich – Giftpflanzen in unserer Umgebung

**Abb. 29.1** **Schwarzer Nachtschatten**, wiss. *Solanum nigrum*, engl. *Black nightshade*, franz. *Morelle noire*. 3/4 nat. Größe. Zeichnung © Fritz Schade

# 30

# Bittersüßer Nachtschatten
## Nachtschattengewächse, Solanaceae
## Giftig bis sehr giftig!

Der Bittersüße Nachtschatten bevorzugt feuchte Plätze, kann zwei Meter hoch werden, lehnt sich dabei aber gerne an Sträucher an, da er selbst nur leicht verholzt. Mit der zierlichen Eleganz seiner Sprosse und den leuchtend roten Beeren ist er eigentlich eine sehr hübsche Pflanze. Der Artname bezieht sich auf getrocknete Stängelstücke, die früher als Arznei verwendet wurden. Sie schmecken erst süß, dann bitter, wie es der lateinische Name *S. dulcamara* und auch der französische treffend wiedergeben, während der deutsche Artname „bittersüß" und der englische die zeitliche Reihenfolge der Geschmacksempfindung umkehren.

Der Bittersüße Nachtschatten ist gefährlicher als der Schwarze Nachtschatten, dreißig bis vierzig unreife Beeren sollen für Kinder tödlich sein. Giftstoffe sind Alkaloide (Solanin) und Saponine. Die Vergiftungssymptome sind vielfältig: Neben Übelkeit und Erbrechen sind es Zungenlähmung, schmerzhafter Durchfall, zunächst beschleunigter, dann verlangsamter Puls, Muskelkrämpfe und Atemlähmung.

Man sollte besser jeglichen Genuss von Teilen des Nachtschattens vermeiden und die Pflanzen an Orten beseitigen, zu denen kleine Kinder Zutritt haben.

© Springer-Verlag GmbH Deutschland 2018
F. Schade und H. Jockusch, *Betörend, berauschend, tödlich – Giftpflanzen in unserer Umgebung*,
https://doi.org/10.1007/978-3-662-56048-8_30

**Abb. 30.1  Bittersüßer Nachtschatten**, wiss. *Solanum dulcamara*, engl. *Deadly night shade, Bittersweet nightshade*, franz. *Morelle douce amère*; 4/5 nat. Größe. Zeichnung © Fritz Schade

# 31

# Rittersporn
## Hahnenfußgewächse, Ranunculaceae
## Giftig bis sehr giftig!

Rittersporn gibt es in zwei Ausgaben: Feldrittersporn, ein einen halben Meter hohes, einjähriges Ackerunkraut, und Gartenrittersporn, der bis zu einer mannshohen Staude wachsen kann. Die Abbildung zeigt einen Gartenrittersporn, dessen Blüte der der Wildform noch relativ nahe ist. Der Name Rittersporn bezieht sich auf den langen Sporn an der Blüte, deren Grundform von der einfachen Hahnenfußblüte stark abweicht. Die Blätter sind dagegen typische Hahnenfußblätter.

Strahlendes Blau ist das Markenzeichen der Ritterspornblüte, wobei die Gartenstauden in einer großen Farbpalette erhältlich sind – von Weiß über Hellblau, Türkis, Dunkelblau bis fast Schwarz, sogar Rot und Gelb, auch mehrfarbig innerhalb der Blüte und gefüllt – am Staudenrittersporn haben die Züchter nichts ausgelassen. Der Züchter Karl Foerster (1874–1970) hat in Bornim in Brandenburg einen wahren Ritterspornkult begründet. Die Niederländer waren aber auch nicht faul: Der Autor war vor mehr als sechzig Jahren dabei, als sie die Sensationszüchtung „Roter Rittersporn" verkündet haben. Bei all dem Farbenrausch konnten die Züchter drei ärgerliche Eigenschaften des Gartenrittersporns doch nicht loswerden: seine Windempfindlichkeit, seine Anfälligkeit gegen Schneckenfraß und seine Giftigkeit – die ist bei der Gartenstaude sogar noch höher als bei dem zierlichen Ackerunkraut. Es handelt sich um ein Gemisch von Alkaloiden, das ein Spektrum sehr unangenehmer Vergiftungserscheinungen hervorruft, Todesfälle scheinen aber nicht bekannt zu sein. Im Gegensatz zum viel giftigeren Eisenhut (Kap. 40) kann man Rittersporn auch in einem Garten dulden, in dem kleine Kinder ihr Wesen treiben. Eher sind hier Erwachsene versucht, mit den appetitlich aussehenden Blüten das Dessert auf einer festlichen Tafel zu schmücken. Das könnte bei den Gästen jedoch zu unangenehmen Erinnerungen führen.

Wie bei vielen anderen Pflanzen scheint das Gift des Rittersporns nicht auf Schnecken zu wirken. Der Autor erinnert sich an laue Sommerabende, an denen die stolzen Rittersporne einer Blumenrabatte einer nach dem andern lautlos dahinsanken. Eine Inspektion der Stängelbasis zeigte tiefe Fraßkerben und manchmal konnte der Übeltäter, eine fette, orange glänzende Nacktschnecke, noch in flagranti ertappt werden.

© Springer-Verlag GmbH Deutschland 2018
F. Schade und H. Jockusch, *Betörend, berauschend, tödlich – Giftpflanzen in unserer Umgebung*,
https://doi.org/10.1007/978-3-662-56048-8_31

**Abb. 31.1 Rittersporn**, wiss. *Delphinium* sp., engl. *Larkspur*, franz. *Dauphinette*; 4/5 nat. Größe. Zeichnung © Fritz Schade

# 32

# Kirschlorbeer
## Rosengewächse, Rosaceae
## Giftig

Kirschlorbeer ist in Gärten und Parks als schnellwüchsiges und preiswertes Hecken- und Sichtschutzgehölz weit verbreitet. Zur Vermehrung lässt er sich leicht aus Samen aufziehen; noch einfacher ist es, die im Garten verstreuten Sämlinge einzusammeln. Das glänzende Dunkelgrün der Blätter schmückt das ganze Jahr, aber nach sehr strengem Frost (unter −15 °C) kann es sich in ein hässliches Rostbraun verwandeln. Die Hecke muss danach radikal zurückgeschnitten oder ersetzt werden.

Der Gattungsname *Prunus* weist den Kirschlorbeer als engen Verwandten unserer Steinobstarten wie Pflaume und Kirsche aus und die glänzend schwarzen Früchte haben tatsächlich eine gewisse Ähnlichkeit mit Kirschen. Pedanten empfehlen deshalb, den Strauch Lorbeerkirsche zu nennen – mit dem echten Lorbeer ist er ja nicht verwandt.

Die Familie der Rosengewächse ist eigentlich nicht für Giftpflanzen bekannt – die Rosen selbst, aber auch die Schlehen und Pflaumen, wehren sich mit Stacheln und Dornen gegen ihre Fressfeinde, nicht mit Gift. Die zu Obstsorten domestizierten Rosengewächse, also Kernobst und Steinobst, geben gerne ihr Fruchtfleisch zum Verzehr frei, haben sich aber aus ihrem Wildleben vorbehalten, die Kerne oder „Steine", ihre Samen, durch Gift zu schützen (wobei die Kultursorten ja nicht durch Samen, sondern durch Pfropfung vermehrt werden). Bei diesem Gift handelt es sich um Blausäure (Cyanwasserstoff), die im Pflanzengewebe an einen Zuckerrest gebunden als cyanogene Glykoside vorliegt. Am bekanntesten ist dies für Bittermandeln. Beim Genuss wird das tödliche Gift Blausäure abgespalten – der Kommissar im Kriminalroman nimmt Bittermandelgeruch wahr. Das Besondere am Kirschlorbeer ist, dass er das Gift nicht nur in den Kernen, sondern auch in den Blättern enthält. In den Kernen ist es besonders konzentriert und sie sind nicht so hart wie Kirschkerne. Das Zerkauen und Verschlucken von mehr als zehn Kernen soll lebensgefährlich sein. Also Vorsicht mit diesem scheinbar harmlosen Heckenstrauch, vor allem bei Kindern!

Im Gegensatz zu den sonst in diesem Buch vorkommenden Pflanzengiften, den Alkaloiden und den giftigen Eiweißen (Proteinen), ist Blausäure eine extrem einfach gebaute Verbindung aus nur drei Atomen, nämlich Wasserstoff,

Kohlenstoff und Stickstoff. Die Giftwirkung beruht auf der Blockade der Zellatmung. Das Gift lässt sich aber bei rechtzeitigem Eingreifen chemisch von den Bindungsstellen in den Zellen verdrängen. Bei längerem Lagern, Rösten oder Kochen verflüchtigt sich die Blausäure freundlicherweise. Dies wissen die Türken, die den Kirschlorbeer seiner Früchte wegen anbauen und diese nach entsprechender Vorbehandlung in der Küche verwenden.

**Abb. 32.1  Kirschlorbeer**, Blütenstände, Fruchtstand, wiss. *Prunus laurocerasus*, engl. *Cherry laurel*, franz. *Laurier-cerise*; 3/5 nat. Größe. Zeichnung © Fritz Schade

# 33

## Riesen-Bärenklau, Herkulesstaude
### Doldenblütler, Apiaceae
### Kontaktgift in Verbindung mit Sonnenlicht

Mit dieser Pflanze verbindet der Textautor zwei persönliche Erlebnisse, eines davon stammt aus einem Urlaub mit Kindern am Limfjord in Dänemark vor vielen Jahren: Das Wetter war kühl und oft grau. Statt im Meer zu schwimmen standen kleine Erlebnisspaziergänge auf dem Programm. So entdeckten die Kinder in einer feuchten Mulde in der Heidelandschaft einen seltsamen raschelnden Märchenwald. Er bestand aus übermannshohen Pflanzen mit armdicken braunen Stämmen und zackigen, kratzigen Blättern, die von schirmförmigen Blütendolden mit fast einem halben Meter Durchmesser gekrönt waren. Es handelte sich um Riesen-Bärenklau, der bereits sommerlich abgetrocknet war. Der Textautor dachte sich, diese Pflanze sollte am Rande eines Gartenteichs sehr dekorativ aussehen. Sämlinge des pompösen Krauts fanden sich in der näheren Umgebung in Ostwestfalen, wurden ausgegraben und zuhause an den Teichrand gepflanzt, wo sie prächtig gediehen – bis sich der Nachbar über den Gartenzaun beugte (auch Biologe und Vater zweier Kinder) und rief, ob ich wohl des Wahnsinns sei! Alle vernünftigen Leute seien bemüht, diesen gefährlichen Eindringling aus dem Kaukasus auszurotten – ich sei der Einzige, der ihn aufpäppelte.

Wieso die Panik? Solange dieses Kraut grün im Saft steht, sind die riesigen, fiederschnittigen Blätter nicht nur kratzig. Sie sind von Drüsenhaaren bedeckt, die beim Abbrechen, ähnlich wie die Drüsenhaare der Brennessel, ihr Gift freisetzen. Dabei handelt es sich um einfach gebaute, kleinmolekulare Substanzen, die aus zwei Sechsringen und einem Fünfring bestehen, jeweils mit einem Sauerstoffatom innerhalb des Rings. Diese Moleküle sind sehr reaktionsfreudig und entfalten gemeinerweise erst nach Sonnenbestrahlung ihre volle Giftwirkung auf der Haut, sie sind phototoxisch. Im schlimmsten Fall kann dies zu regelrechten Verbrennungen der Haut mit Blasenbildung führen. Im Körper sind die Giftmoleküle krebserregend, da sie mit der Erbsubstanz DNS reagieren.

So wurde aus einer Pflanze aus dem wilden Kaukasus, die Ende des 19. Jahrhunderts als spektakuläre Zierpflanze vor allem in Parks eingeführt wurde, ein regelrechtes Hassobjekt. Als unerwünschter Fremdling (Neophyt) hat sich das robuste Kraut über weite Teile Mittel-, West- und Nordeuropas verbreitet. In

© Springer-Verlag GmbH Deutschland 2018
F. Schade und H. Jockusch, *Betörend, berauschend, tödlich – Giftpflanzen in unserer Umgebung*,
https://doi.org/10.1007/978-3-662-56048-8_33

Deutschland ist es sogar in Naturschutzgebiete eingedrungen, was ihm als besondere Unverschämtheit angelastet wird.

Wer kleinere Kinder hat, sollte diese Pflanze nicht im Garten dulden. Wer sie als eindrucksvolle Dekoration schätzt, sollte die Dolden vor der Samenreife abschneiden und entsorgen. Das Herkuleskraut kann Jahre überdauern, besonders, wenn es getrimmt wird, stirbt aber normalerweise nach einer ungestörten Blüte ab, ist also keine Staude. Wenn man verhindert, dass es Samen ausstreut, wird es sich nicht ausbreiten.

**Abb. 33.1  Riesen-Bärenklau**, wiss. *Heracleum mantegazzianum*, engl. *Giant hogweed*, franz. *Berce du Caucase*. 1/4 nat. Größe. Zeichnung © Fritz Schade

# 34

# Vierblättrige Einbeere
## Einbeerengewächse, Trilliaceae
## Giftig

Die ungeraden Zahlen Drei und Sieben gelten bei uns als Glückszahlen, die Vier steht für Ordnung: vier Himmelsrichtungen, vier Elemente, vier Ecken aller Sportfelder, vier Ecken des Hauses, des Zimmers – seit der Bronzezeit. Nur auf einer Fläche mit vier rechtwinkligen Ecken lassen sich ebensolche Gegenstände ohne Platzvergeudung unterbringen. Aber im mächtigen China ist die vier eine Unglückszahl!

Bei der Vierblättrigen Einbeere fällt die Vierblättrigkeit dieser sonst eher unscheinbaren Pflanze mehr ins Auge als die Einbeerigkeit – von der winzigen grünlichen Blüte ganz zu schweigen. Dieses skurrile Pflänzchen begegnet uns im Laubwald, wo auch die große, bedrohliche Tollkirsche (Kap. 51) wächst. Die Frucht der Einbeere ähnelt einer dunklen Kirsche wie die der Tollkirsche, ist aber sicher nicht so verlockend für Kinder, da sie nur einzeln und dicht am Boden zu finden ist und dazu schlecht schmeckt. Eine Kostprobe der Frucht muss man eventuell mit Übelkeit und schmerzhafter Darm- und Blasenentleerung bezahlen. Die ganze ausdauernde Pflanze ist durch die enthaltenen Saponine giftig (vgl. Kap. 3 und 36).

Eine Chance hat das Kräutchen in der Homöopathie: Tausend- bis millionenfach verdünnte Extrakte sollen gegen Reizungen der Augen helfen. Diese Anregung kommt wegen der bösen Vier wahrscheinlich nicht aus der traditionellen chinesischen Medizin.

© Springer-Verlag GmbH Deutschland 2018
F. Schade und H. Jockusch, *Betörend, berauschend, tödlich – Giftpflanzen in unserer Umgebung*,
https://doi.org/10.1007/978-3-662-56048-8_34

**Abb. 34.1   Einbeere**, fruchtend, wiss. *Paris quadrifolia*, engl. *Herb Paris*, franz. *Pariset-te à quatre feuilles*. 3/4 nat. Größe. Zeichnung © Fritz Schade

# 35

## Lupine
### Hülsenfrüchtler, Fabaceae
### Giftig

Hier ist die violettblau blühende Vielblättrige Lupine gezeigt, die in Nordamerika zu Hause ist. Man sieht die auffallende Pflanze häufig verwildert an Waldrändern und Autobahnböschungen. Es gibt eng verwandte, auch weiß und gelb blühende Lupinenarten, sowie eine Palette bunter Gartenvarietäten. Aber die Lupinen bieten mehr als eine Augenweide. Im Jahr 2014 wurde einer Forschergruppe vom Bundespräsidenten der Deutsche Zukunftspreis überreicht, die sich mit den Eiweißen in Lupinen befasst hat – dies wohl im Hinblick darauf, dass für den größten Teil der Weltbevölkerung tierisches Eiweiß ein fast unbezahlbarer Luxus ist. Wie andere Hülsenfrüchte, zum Beispiel Sojabohnen, sind Lupinenkerne äußerst eiweißreich. Das Eiweiß hat jedoch einen „bohnigen" Geschmack, der seiner Verwendung in der Lebensmittelindustrie entgegensteht. Dem Preisträgerteam ist es gelungen, die lästigen Geschmacksstoffe mit einer besonderen Form flüssigen Kohlendioxids ohne Rückstände herauszulösen. Die Lupine, die auf kargen Sandböden wächst, kann somit wertvolles Eiweiß liefern, ohne anderen Kulturpflanzen fruchtbaren Ackerboden streitig zu machen. Diese Arbeit baut auf den Erfolgen des deutschen Pflanzenzüchters Reinhold von Sengbusch (1898–1985) auf, der aus der giftigen und bitteren Ausgangsform die Süßlupine gezüchtet hat. Mit einem Schnelltest auf die giftigen Alkaloide hat er unter Millionen von Pflanzen seltene Mutanten gefunden, die die bitteren Giftstoffe nicht mehr synthetisieren konnten, und so vor 85 Jahren die Süßlupine etabliert, die seitdem als Futtermittel verwendet wird. Aber selbst die Wildform ist nicht nur eine dekorative, sondern auch eine nützliche Pflanze: Man setzt sie zur Gründüngung ein: Wenn sie auf einem Feld gewachsen ist und untergepflügt wird, hat sie dem Boden mithilfe von Bakterien an ihren Wurzeln, den Knöllchenbakterien, pflanzenverwertbaren Stickstoff zugeführt, ihn also fruchtbarer gemacht (siehe auch Besenginster, Kap. 24).

Welche Bedeutung haben die Alkaloide für die Lupinenpflanze? Natürlich vermutet man, dass sie der Abwehr von Fressfeinden und Krankheitserregern dienen. Für die Lupine gibt es experimentelle Befunde, die diese Annahme stützen: Erstens erhöht die Wildform der Lupine ihren Alkaloidgehalt bei Insektenbefall drastisch. Zweitens wird die alkaloidfreie Süßlupine leichter von

© Springer-Verlag GmbH Deutschland 2018
F. Schade und H. Jockusch, *Betörend, berauschend, tödlich – Giftpflanzen in unserer Umgebung*,
https://doi.org/10.1007/978-3-662-56048-8_35

einem Pilz befallen als die alkaloidhaltige Wildform. Ironie des Schicksals: Dieser Pilz produziert seinerseits ein Gift, das für Schafe tödlich ist.

Die Lupinen, die in der Natur verwildert vorkommen oder als Zierpflanzen in unseren Gärten wachsen, sollten wir auf jeden Fall als Giftpflanzen betrachten. Die Blätter, aber besonders die Samen in den schwarzen Hülsen, sind durch ein Gemisch verschiedener Alkaloide giftig. Vergiftungssymptome sind Speichelfluss, Schluckbeschwerden, Herzrhythmusstörungen, Lähmungen der Beine sowie Atemlähmung.

**Abb. 35.1** **Lupine**, wiss. *Lupinus polyphyllus*, engl. *Lupine*, franz. *Lupin*; 3/5 nat. Größe. Zeichnung © Fritz Schade

# 36

## Schneebeere
### Geißblattgewächse, Caprifoliaceae
### Giftig

Bei den Bezeichnungen „Knackeier" oder „Knallerbsen" werden wir an Kindheitstage erinnert. Der aus Nordamerika stammende, sommergrüne Strauch, der diese Früchtchen hervorbringt, wird gerne von Gemeinden an Wegrändern und auf Böschungen, auch an Kinderspielplätzen, gepflanzt. Gärtnerisch handelt es sich wohl eher um eine Verlegenheitslösung, aber schließlich ist die Pflanze preisgünstig, genügsam und unverwüstlich. Während die rosa Blütchen unscheinbar sind, fallen die Gruppen von schneeweißen, knapp kirschgroßen Beeren bis in den Winter hinein auf. Kindern machen sie Spaß, weil sie bei Zertreten knallen. Da verwundert es, die Schneebeeren unter der Rubrik „Giftpflanzen" zu finden. Tatsächlich fressen in Nordamerika wildlebende Säugetiere und Vögel offenbar unbeschadet Blätter und Früchte dieser Pflanze. Wenn allerdings Kinder eine größere Menge Beeren essen, statt sie zu zertreten, kann es unangenehm werden: Reizung der Mundschleimhaut, Bauchschmerzen, Erbrechen und Durchfall können die Folge sein. Die Giftstoffe sind wohl noch nicht näher definiert, aber Saponine sind in den Beeren relativ hoch konzentriert. Angeblich sollen Indianerstämme im Ursprungsland der Schneebeere den Saft der Früchte als Haarshampoo verwendet haben – rein pflanzlich!

© Springer-Verlag GmbH Deutschland 2018
F. Schade und H. Jockusch, *Betörend, berauschend, tödlich – Giftpflanzen in unserer Umgebung*,
https://doi.org/10.1007/978-3-662-56048-8_36

**Abb. 36.1   Schneebeere**, wiss. *Symphoricarpos albus*, engl. *Common snowberry*, franz. *Symphorine à grappes*; 4/5 nat. Größe. Zeichnung © Fritz Schade

# 37
## Wolfsmilch
### Wolfsmilchgewächse, Euphorbiaceae
### Alle Wolfsmilcharten sind giftig

Kommen „Hund" oder „Wolf" in einem Pflanzennamen vor, bedeutet das nichts Gutes. Geht es darum, Hunde zu vergiften (vgl. Immergrün, Kap. 22; Hundspetersilie, Kap. 46; Oleander, Kap. 49) oder bedeutet es, dass die Pflanze so gefährlich ist wie ein Wolf (vgl. Tollkirsche, Kap. 51)? Die Wolfsmilchgewächse sind uns einerseits als lästige Unkräuter, andererseits als Zierpflanzen bekannt: Christusdorn, Weihnachtsstern, diverse Euphorbien für den Garten gehören zu der Familie. In allen Fällen sind es nicht Blütenblätter, durch die die oft schirmartigen Blütenstände auffallen, sondern Hochblätter; die Blüten selbst sind eher klein und knopfförmig, manchmal allerdings leuchtend gelb, während die Hochblätter grün, gelbgrün, weiß oder leuchtend rot sein können. Beim Weihnachtsstern ist die Hochblattnatur der Schmuckblätter besonders deutlich, weil es in Farbe und Form Übergänge von den grünen Laubblättern zu den roten oder weißen Hochblättern gibt. In Wüstengegenden haben sich Wolfsmilchgewächse oft stark an den Wassermangel angepasst: Die Blätter sind verkümmert, die Stämme sukkulent verdickt. Der Laie denkt, Kakteen vor sich zu haben.

Trotz der notorischen Giftigkeit dieser Pflanzengruppe spielt ein Wolfsmilchgewächs eine bedeutende Rolle für die Welternährung, vor allem in tropischen Ländern: Der Maniokstrauch (*Manihot esculenta*) liefert unregelmäßig spindelförmige, etwa dreißig Zentimeter lange Wurzelknollen, die man auch in deutschen Supermärkten und Gemüseläden findet. Sie sind unter anderem durch den Gehalt an blausäureabspaltenden Glykosiden giftig und müssen deshalb umständlich entgiftet werden, beispielsweise durch Zerkleinern, Auslaugen und Erhitzen. Man gewinnt damit eine Sättigungsbeilage, aber kein vollwertiges Nahrungsmittel, da wichtige Eiweißbestandteile und Vitamine fehlen. Bei unvollständiger Entgiftung drohen Zittern und die Degeneration des Augennervs.

Die eigentliche „Wolfsmilch" der Wolfsmilchgewächse ist der meist weiße Saft, der bei Verletzung der Pflanze austritt. Er ist eine äußerst aggressive, ätzende Flüssigkeit, die auf der Haut Blasen hervorrufen kann und die man keinesfalls in die Augen bringen sollte. Alle Teile der Wolfsmilchpflanzen sind giftig. Es gibt eigentlich keine Verlockung, frische Teile davon zu verzehren,

© Springer-Verlag GmbH Deutschland 2018
F. Schade und H. Jockusch, *Betörend, berauschend, tödlich – Giftpflanzen in unserer Umgebung*,
https://doi.org/10.1007/978-3-662-56048-8_37

aber wenn dies eingetreten ist, reichen die Folgen von Verbrennungen der Mundschleimhaut bis zu Brechreiz und Magenkrämpfen. Die Gifte sind aus Kohlenstoffketten aufgebaut, die sich zu Ringsystemen zusammenschließen können. Solche Stoffe kommen auch in Harzen vor und können angenehm riechen. Sie sind nur in organischen Lösungsmitteln, zum Beispiel Alkohol oder Petrolether löslich und liegen im wässrigen Milieu als Emulsion vor – wie im Milchsaft der Euphorbien.

Es gibt eine große Anzahl von Wolfsmilcharten in Mitteleuropa. Wildwachsend findet man bei uns die Gartenwolfsmilch (*Euphorbia péplus*), die Sonnwend-Wolfsmilch (*E. helioscopia*) und die Kreuzblättrige Wolfsmilch (*E. lathyris*, eingeschleppt aus dem Mittelmeerraum) als Gartenunkräuter, die Zypressenwolfsmilch (*E. cyparissias*) an Wegrändern. Abgebildet ist die Warzen-Wolfsmilch (*E. verrucosa*), die als Zierstaude in Gärten angepflanzt wird.

**Abb. 37.1  Warzen-Wolfsmilch**, wiss. *Euphorbia verrucosa*, engl. *Spurge*, franz. *Euphorbe*; 4/5 nat. Größe. Zeichnung © Fritz Schade

# 38

## Giftbeere
### Nachtschattengewächse, Solanaceae
### Giftig

Na klar, Nachtschattengewächs! Wie einige ihrer prominenteren Verwandten (s. Kartoffel, Kap. 47) kommt die Giftbeere oder Blaue Lampionblume aus Lateinamerika, genauer: aus den Anden. Der wissenschaftliche Gattungsname *Physalis* weist auf die enge Verwandtschaft mit der Zierpflanze Lampionblume (oder Judenkirsche) und der Andenbeere hin. Bei der Lampionblume macht die leuchtend orangerote Blütenhülle den Reiz aus – auch für unbegrenzt haltbare Trockensträuße –, bei der Andenbeere ist es die angenehm säuerlich schmeckende, kirschgroße, gelbe Frucht, die mit dem dekorativen Stern trockener Hüllblätter gelegentlich als Nachtisch gereicht wird. Die Giftbeere wird seit dem 18. Jahrhundert in Europa als bescheidene Zierpflanze kultiviert und ist gelegentlich verwildert. Der Genuss ihrer Beere wird nicht empfohlen.

Im Handel wird die Giftbeere mit dem Werbeslogan „Blaue Physalis vertreibt Weiße Fliege" angeboten. Doch der Pflanzenphysiologe fragt sich, wie das funktionieren soll. Zwar ist bekannt, dass Pflanzen bzw. deren Früchte gasförmige Moleküle freisetzen, die als Botenstoffe wirken – bekanntestes Beispiel dafür ist das von reifenden Äpfeln freigesetzte Ethylen (eine sehr einfache, flüchtige Verbindung), das die Reifung benachbarter Früchte beschleunigt. Aber kann man sich die Freisetzung von Alkaloiden in die Luft bei normalen Temperaturen vorstellen? Soll so die Abwehr von Insekten wie der Weißen Fliege (strenggenommen eigentlich gar keine Fliege, sondern eine Mottenschildlaus, vgl. Kap. 52) funktionieren? Dazu heißt es, dass die Fernwirkung auf Schädlinge gar nicht von dem giftigen Alkaloidcocktail ausgehe, der ohnehin in den Wurzeln am höchsten konzentriert ist, sondern von flüchtigen Geruchsstoffen, die für den Gärtner angenehm, für Insekten und sogar für Mäuse aber unangenehm riechen sollen. Als Vertreter der Säugetiere hat der Autor seine Nase ganz dicht über die Giftbeerenpflanze gehalten – und nichts gerochen. Aber unser Riecher funktioniert im Vergleich zu dem anderer Säugetiere eher mäßig und über das Riechvermögen der Weißen Fliege weiß man nichts. Es drängt sich der Verdacht auf, dass hier ein bisschen solide Forschung betrieben werden müsste, um den Sachverhalt zu klären.

© Springer-Verlag GmbH Deutschland 2018
F. Schade und H. Jockusch, *Betörend, berauschend, tödlich – Giftpflanzen in unserer Umgebung*,
https://doi.org/10.1007/978-3-662-56048-8_38

**Abb. 38.1   Giftbeere**, blühend und fruchtend, wiss. *Nicandra physaloides*, engl. *Shoo-fly*, *Apple of Peru*, franz. *Faux-coqueret*, *Pomme du Pérou*. 3/4 nat. Größe. Zeichnung © Fritz Schade

# 39

# Rotfrüchtige Zaunrübe
## Kürbisgewächse, Cucurbitaceae
## Sehr giftig!

Bei Hahn und Henne, bei Löwe und Löwin ist das Geschlecht offensichtlich, bei einem Krähenpaar äußerlich nicht, aber auch dort gibt es, wie bei allen Vögeln, Mann und Frau. Bei der Weinbergschnecke aber gibt es das nicht, alle Individuen sind beides zugleich, weiblich und männlich, sie sind Zwitter. Aber wie ist das bei den Pflanzen? Bei den meisten Pflanzen können wir kein Geschlecht unterscheiden, wohl aber weibliche Geschlechtsorgane, Stempel oder Narben, und männliche, Staubgefäße oder Staubbeutel, meist in einer Blüte. Also sind die meisten Pflanzen Zwitter, das nennt man bei Pflanzen „einhäusig", womit nicht das Gegenteil von aushäusig gemeint ist. Allerdings gibt es auch einhäusige Pflanzen, bei denen männliche und weibliche Blüten auf einer Pflanze vorhanden sind. So ist es bei der Eibe (Kap. 55). Es verwundert nicht, dass man bis in die frühe Neuzeit keine rechte Vorstellung davon hatte, ob es bei Pflanzen überhaupt geschlechtliche Fortpflanzung gibt.

Ein giftiges Gartenunkraut, die Rotfrüchtige Zaunrübe, gab dazu einen wichtigen Hinweis: Wie ihre wissenschaftliche Artbezeichnung *dioica* besagt, ist diese Pflanze zweihäusig, männliche und weibliche Blüten findet man auf verschiedenen Individuen, es gibt also männliche und weibliche Pflanzen, und nur die weiblichen bringen Früchte, rote Beeren, hervor. Zweihäusigkeit ist uns inzwischen vom Hopfen und der Kiwipflanze geläufig: Man pflanzt am besten einen Kiwimann zu zwei Kiwifrauen, um eine gute Ernte zu bekommen. Beim Hopfen muss man die Männer von den Frauen fernhalten, denn nur die jungfräulichen Zapfen liefern das richtige Aroma für die Bierwürze.

Zurück zur Zaunrübe: Vor etwa 450 Jahren hat der Arzt und Kräuterforscher Leonhart Fuchs (1501–1566) in dem von ihm begründeten Kräutergarten in Tübingen neben vielen anderen Pflanzen Zaunrüben gezogen und ihre Anwendung in der Medizin beschrieben. Er empfiehlt 1543 in seinem *New Kreüterbuch* Blüten, Früchte, Blätter und Wurzeln der Zaunrübe, für die er unter anderem die deutschen Namen Stickwurtz, Hundskürbs und Teuffelskirß nennt, gesotten gegen „allerely unreyne wunden und gescheren/dann sie sölche faule schäden reynigen" und alle möglichen anderen Beschwerden. Diese Empfehlung sollte man vergessen, denn die Zaunrübe produziert ein gar nicht harmloses Giftgemisch, dessen Komponenten nach dem Gattungs-

© Springer-Verlag GmbH Deutschland 2018
F. Schade und H. Jockusch, *Betörend, berauschend, tödlich – Giftpflanzen in unserer Umgebung*,
https://doi.org/10.1007/978-3-662-56048-8_39

namen benannt sind: Bryonicin, Bryonon und dazu Saponine. Auch Leonhart Fuchs warnt „dann sie tödtet die frucht inn muterleib". Also Hände weg von dieser Pflanze trotz der hübschen Beeren und die Rübe nicht mit einem weißen Rettich verwechseln!

Die geschlechtliche Erzeugung der Pflanzensamen hat übrigens erst 100 Jahre nach Fuchs sein Tübinger Nachfolger Camerarius geklärt, mit sorgfältigen Experimenten, unter anderem an der Giftpflanze Rizinus (Kap. 54).

Für den Gartenfreund sind die Zaunrüben schöne, aber lästige Unkräuter: Ihre langen, zarten Triebe überwachsen in wenigen Tagen einen großen Johannisbeerbusch. Beim Versuch, sie zu beseitigen, reißen sie leicht ab, man sollte aber ihren Ursprung am Boden unbedingt finden, um der robusten, dicken, unregelmäßig geformten Rübe den Garaus zu machen.

Eine Besonderheit dieser Pflanzen: Sie verankern sich mit Ranken, die ihren Windungssinn (vgl. Kap. 17 und 20) in der Mitte wechseln und die Pflanze als elastische Spiralfedern davor schützen, bei starkem Wind von ihren Stützpflanzen abgerissen zu werden.

Die Zaunrüben sind Vertreter der Kürbisgewächse, wie die Form von Blättern und Blüten nahelegt. Das ist eigentlich eine sehr menschenfreundliche Pflanzenfamilie, die uns mit großen bis riesigen, saftigen und sehr bekömmlichen Beeren (so sagt der Botaniker) beliefert: Gurke, Zucchini, Melone und Kürbis. Diese Verwandtschaft hat Leonhart Fuchs offenbar erkannt, mit Hundskürbs meint er wohl „giftigen Kürbis" (vgl. Hundspetersilie, Kap. 46).

**Abb. 39.1   Zaunrübe**, wiss. *Bryonia dioïca*, engl. *Red bryony*, franz. *Bryone dioïque*; 4/5 nat. Größe. Zeichnung © Fritz Schade

# 40

## Eisenhut
### Hahnenfußgewächse, Ranunculaceae
### Sehr giftig! Gift durchdringt die Haut

Gefährlicher als der Gartenteich ist für kleine Kinder nur der Eisenhut. Nachdem der Gartenteich blutenden Herzens zugeschüttet und in Rasen verwandelt wurde, kam der Eisenhut dran. Weil der Eisenhut als der Rekordhalter an Giftigkeit gilt, hat der Autor dieser Zeilen als besorgter Großvater 200 dieser Schmuckpflanzen mit der Wurzelknolle ausgerissen und der Vernichtung anheimgegeben.

Der wildwachsende Eisenhut kommt in den Wäldern und auf den Matten der Alpen vor, kann sich aber auch in einem feuchtschattigen Garten unbemerkt vermehren. Neben der blauen gibt es eine weißblühende Gartenform. Mit dem in der Natur tiefdunkel gefärbten Blauen Eisenhut, der auch einen wildwachsenden blassgelben Bruder hat, tritt uns ein Hahnenfußgewächs entgegen, dessen Blätter die ungefähre Gestalt des Hahnenfußes haben, dessen Blüten aber gänzlich umgeformt sind, zur geschlossenen Form eines Landsknechthelms – daher der deutsche Name. Dieser Landsknecht kämpft aber weder mit offenem noch mit geschlossenem Visier, sondern mit einem der gefährlichsten Gifte, die man kennt, dem Alkaloid Aconitin. Der englische Name dieser Pflanze, *monkshood*, Mönchskutte, macht den Übeltäter in einer anderen Klasse der Gesellschaft aus. Wie dem auch sei, das Gift Aconitin ist wahrhaft teuflisch, die tödliche Dosis liegt bei fünf tausendstel Gramm für Erwachsene, sein Angriffsziel im Körper muss also ein lebenswichtiges, aber dennoch in geringer Konzentration vorliegendes Molekül sein. Im Gegensatz zu dem Angriffsziel des Rizins (vgl. Kap. 54) ist das des Aconitins an der Membranoberfläche von Nervenzellen und Muskelfasern leicht zugänglich: Es sind die Natriumkanäle, die bei elektrischer Erregung schlagartig Natriumionen ins Zellinnere treten lassen, das Signal durch Erregung der benachbarten Membranbereiche fortleiten und somit für die Signalfortleitung in Nerven- und Muskelfasern verantwortlich sind. Aconitin blockiert diese lebenswichtigen Ionenkanäle. Hierin ähnelt es dem gefährlichsten aller tierischen Gifte, dem Tetrodotoxin des Kugelfischs, der in Japan als Delikatesse gilt. Das Gift kommt bei diesem Fisch nur in der Leber und in den Keimdrüsen vor, die bei der Zubereitung unverletzt entnommen werden müssen –

© Springer-Verlag GmbH Deutschland 2018
F. Schade und H. Jockusch, *Betörend, berauschend, tödlich – Giftpflanzen in unserer Umgebung*,
https://doi.org/10.1007/978-3-662-56048-8_40

wie Aconitin ist auch Tetrodotoxin hitzestabil. Ob der Koch dabei die nötige Sorgfalt hat walten lassen, zeigt sich relativ schnell nach dem Genuss.

Zurück zum Eisenhut: Aconitin kann nicht nur über den Darm, sondern auch durch die Haut aufgenommen werden, zum Beispiel wenn man einen Eisenhutstrauß lange in der Hand hält. In solchen Fällen wurde von einer Gefühllosigkeit der Hand berichtet. Wer viel Mut hat und auf die Rechenkünste anderer vertraut, kann Aconitin als homöopathisches Mittel gegen Rheumatismus in der Potenz D4, also eins zu zehntausend verdünnt, absichtlich zu sich nehmen. Der Gartenfreund wartet hingegen auf eine giftfreie Züchtung des Eisenhuts – und diese könnte mit neuen gentechnischen Methoden schneller verfügbar werden, als man denkt (vgl. Kap. 14).

**Abb. 40.1** **Eisenhut**, wiss. *Aconitum napellus*, engl. *Monkshood*, franz. *Aconit napel*; 4/5 nat. Größe. Zeichnung © Fritz Schade

# 41

## Kornrade
### Nelkengewächse, Caryophyllaceae
### Sehr giftig!

Die Kornrade ist eine Pflanze mit wechselvoller Karriere. Mit den Getreidearten ist sie als wärmeliebender, blinder Passagier aus dem Südosten zu uns gekommen. In ihrem Wuchs hat sie sich an die schlanken Getreidehalme angepasst, mit der Samenreife an die Reife des Korns. Als perfektes Getreideunkraut hat sie jahrhundertelang Ärger verursacht, denn ihre Samen sind giftig. Mit den modernen Anbau- und Dreschmethoden konnte sie aber nicht mithalten und ist somit selten geworden. Derzeit erleben die klassischen Getreideunkräuter unter dem freundlicheren Namen „Beikräuter" eine Renaissance: Käufliche Samengemische, die die Samen von Kornraden, Kornblumen und Klatschmohn enthalten, werden jetzt in Gärten, an Feldrändern oder auf den Inseln der Kreisverkehre ausgesät und erfreuen uns und viele Insekten im Hochsommer mit bunten Blüten, während die windbestäubten Getreidearten unter den Insekten nur speziellen Schädlingen einen Lebensunterhalt bieten.

Als klassisches Nelkengewächs hat die Kornrade fünf Blüten- und fünf Kelchblätter – bei den Zuchtformen der namensgebenden Nelken, insbesondere der gefüllten Formen, ist diese Fünfzähligkeit allerdings nicht mehr zu erkennen.

Unter den Giften der Kornrade befinden sich ein Saponin und andere Zuckerverbindungen. Die ganze Pflanze ist giftig. Als Vergiftungssymptome werden Benommenheit, Krämpfe, Atemlähmung, Schock angegeben. Bei Pferden, Rindern und Schweinen wurden Vergiftungen beobachtet, Hühner scheinen weniger empfindlich zu sein. Beim Menschen sollen wenige Samenkörner für eine Vergiftung ausreichen. Allgemein sind die Nelkengewächse nicht auffällig für Giftigkeit, „leider" sagt da mancher Gärtner, dem die Kaninchen die saftigen, durch eine Wachsschicht silbrigen Blätter seiner Polsternelken abweiden. Die Kornrade ist wohl eher eine Ausnahme.

© Springer-Verlag GmbH Deutschland 2018
F. Schade und H. Jockusch, *Betörend, berauschend, tödlich – Giftpflanzen in unserer Umgebung*,
https://doi.org/10.1007/978-3-662-56048-8_41

**Abb. 41.1   Kornrade**, wiss. *Agrostemma githago*, engl. *Corncockle*, franz. *Nielle des champs*; 4/5 nat. Größe. Zeichnung © Fritz Schade

# 42

# Jakobskreuzkraut, Jakobsgreiskraut
## Korbblütler, Asteraceae
## Giftig

Dieser Bösewicht ist nun keineswegs ein illegaler Einwanderer, sondern ein seit alters her in Mitteleuropa heimisches, freundlich aussehendes, bis ein Meter hohes Kraut, mit in Gruppen stehenden, kleinen gelben Blüten in der Form von Margeritenblüten. Das Jakobskreuzkraut heißt auch Jakobsgreiskraut. Die Gattung Greiskraut (*Senecio*) ist durch einige Gartenpflanzen, darunter solche von stattlicher Größe, vertreten, die gelbe Korbblüten tragen.

An den Küsten kommt eine Variante des Jakobskreuzkrauts ohne Randblüten vor, mit schlichten gelben Blütenknöpfchen. Sie ähnelt dem kleineren Gemeinen Kreuzkraut, einem Pflänzchen, das man auch in städtischer Umgebung fast das ganze Jahr über finden kann. Es war die Freude von Kindern, die einen Kanarienvogel hielten, dem man im Winter etwas Vitaminreiches zum Knabbern geben konnte. In einem hübsch bebilderten Büchlein *Unsere Unkräuter* (Klein 1913) das nunmehr über hundert Jahre alt ist, gibt es eine Abbildung und einen Text zum Jakobskreuzkraut, aber seine Giftigkeit wird mit keiner Silbe erwähnt. Diese ist erst in den letzten Jahren zum Thema geworden, weil sich das Jakobskreuzkraut plötzlich rasant ausbreitet. Inzwischen ist es so prominent, dass es offizielle Aufrufe zur Ausrottung oder wenigstens Eindämmung des Krauts gibt und ihm Bücher und Kalender gewidmet sind. Zur Eindämmung soll durch eine zeitlich geplante Mahd die Blüte des Krauts verhindert werden, aber die Pflanzen werden auch inklusive ihrer Wurzel mit der Hand ausgestochen.

Die gefürchteten Gifte gehören zur Klasse der bei Korbblütlern auftretenden Pyrrolizidine, die wir beim Huflattich kennengelernt haben (vgl. Kap. 7). Sie verursachen Leberschäden, tückischerweise auch schleichend über längere Zeit. Hauptsächlich gefährdet sind Weidetiere, vor allem Pferde, die die Giftpflanze nicht verlässlich meiden. Tückisch ist auch, dass die Pyrrolizidine im Heu und in der vergorenen Futtersilage weiter aktiv bleiben, in denen das Kreuzkraut nicht mehr erkannt werden kann. Gift und Samen des Übeltäters wird man aber in der Biogasanlage los. Menschen könnten durch die unbeabsichtigte Beimischung der Blätter zu den ähnlich geformten Blättern des Ruccolas im Salat gefährdet werden.

© Springer-Verlag GmbH Deutschland 2018
F. Schade und H. Jockusch, *Betörend, berauschend, tödlich – Giftpflanzen in unserer Umgebung*,
https://doi.org/10.1007/978-3-662-56048-8_42

Das anspruchslose Jakobskreuzkraut ist auch in Regionen der Neuen Welt eingeschleppt worden, in denen ähnliche Klimabedingungen wie in Mitteleuropa herrschen, zum Beispiel nach Argentinien, und macht dort als giftiger Neophyt Ärger, insbesondere bei Viehzüchtern.

**Abb. 42.1  Jakobs-Kreuzkraut**, wiss. *Senecio jacobaea*, engl. *Common ragwort*, franz. *Herbe de saint-jaques*. 3/4 nat. Größe. Zeichnung © Fritz Schade

# 43

## Feuerbohne
### Hülsenfrüchtler, Schmetterlingsblütler, Fabaceae
## Sehr giftig (rohe Bohnen)

Die Feuerbohne, die windende Stangenbohne mit den knallroten Blüten, war auch in den Schrebergärten kurz nach dem Zweiten Weltkrieg beliebt. Bei entsprechend langen Bohnenstangen, deren Beschaffung bei ständiger Brennstoffknappheit nicht ganz einfach war, konnte doch auf engem Raum bei zwei bis drei Meter Höhe der Pflanzen eine lohnende Ernte in der dritten Dimension erzielt werden. Die Bohnenstangen konnte man in Reihen, zur besseren Stabilität tipiartig an den oberen Enden zusammengebunden oder auch im Karree zu einer Laube anordnen. Die Bezeichnung „Favelas" für die an den Hängen heraufklimmenden Armutsviertel von Rio de Janeiro geht vermutlich auf die klimmenden Bohnen zurück (obwohl *fava*, Bohne, im jetzigen brasilianischen Sprachgebrauch die nichtklimmende Ackerbohne bezeichnet).

Für Kinder ist das schnelle Wachstum der linkswindenden, also eine Rechtsschraube bildenden (vgl. Kap. 20) Triebe der Feuerbohne eindrucksvoll. An den Trieben erscheinen die flammend roten Blüten und schließlich die großen, rauen, dunkelgrünen Hülsen. Wer als Kind gewohnt war, die unreifen Erbsenhülsen wegen des süßen Inhalts zu plündern, dem wurde dringend geraten, nicht in die grünen Bohnenschoten zu beißen. Die unreifen Kerne der Feuerbohne enthalten, wie die Samen anderer Schmetterlingsblütler, ein giftiges Eiweiß, ein Lektin (vgl. Kap. 25), dessen Giftwirkung allerdings durch Hitze zerstört wird. Die reife Hülse wird beim Trocknen hellbraun und enthält die sehr nahrhaften, eiweißreichen, äußerlich attraktiven Kerne, mit typischerweise violetter Schale mit schwarzer Musterung. Die trockenen Teile haben das giftige Lektin verloren, die harten Kerne kocht man ohnehin, zum Beispiel um aus ihnen kräftige Suppen oder Salate zuzubereiten. Damit werden auch eventuelle Reste von Lektin unschädlich gemacht. Die Blüten sind ungiftig und können als essbare Dekoration den Nachtisch zieren.

© Springer-Verlag GmbH Deutschland 2018
F. Schade und H. Jockusch, *Betörend, berauschend, tödlich – Giftpflanzen in unserer Umgebung*,
https://doi.org/10.1007/978-3-662-56048-8_43

**Abb. 43.1   Feuerbohne,** mit Schoten und Kernen, wiss. *Phaseolus coccineus*, engl. *Scarlet runner*, franz. *Haricot écarlate*. 3/4 nat. Größe. Zeichnung © Fritz Schade

# 44

## Schwarzes Bilsenkraut
### Nachtschattengewächse, Solanaceae
### Sehr giftig, gefährliches Rauschmittel!

In seiner Jugend hörte der Textautor das Gruselmärchen, dass man im ländlichen Ostpreußen die Erbfolge auf dem Bauernhof dadurch beschleunigte, dass man den alten Eltern Pfannkuchen mit Bilsenkraut servierte. Wie es zu diesem Märchen kam, darauf weist vielleicht die Ähnlichkeit der Bezeichnungen für beide Objekte in slawischen Sprachen hin: russisch *blin*, Eierpfannkuchen, tschechisch *blín*, Bilsenkraut; geografisch darf man da nicht zu kleinlich sein, denn insbesondere die Pfannkuchen haben durch den K.-u.-k.-Einfluss auf die Esskultur in den slawischen Sprachen auch andere Namen bekommen.

Abgesehen von diesem teuflischen Ammenmärchen bleibt das Bilsenkraut eine sehr interessante, weil von alters her mit dem Volksglauben verbundene Pflanze. Mit Tollkirsche (Kap. 51) und Stechapfel (Kap. 50) bildet es zur Freude von Hexen und deren Sympathisanten ein Nachtschattentrio. Wie der Stechapfel enthält das Bilsenkraut mit Hyoscyamin und Scopolamin nicht nur lebensgefährlich giftige, sondern auch berauschende Alkaloide. Die Blätter wurden bis in die frühe Neuzeit zur äußerlichen Behandlung von Wunden und Krämpfen verwendet, der Rauch diente als schmerzstillendes Mittel bei Zahnschmerzen. Naheliegend war die Verwendung als Schädlingsbekämpfungsmittel gegen Ratten und Mäuse im Haus. Etwa fünfzehn der winzigen Samen sollen für Kinder bereits tödlich sein.

Eine spezielle Verwendung fanden gemahlene Bilsenkrautsamen, in denen die Alkaloide hoch konzentriert sind, als Zusatz zum Bier. Diese haben der berauschenden Wirkung des Alkohols einerseits noch den Reiz eines leichten Irreseins mit psychedelischen Erfahrungen hinzugefügt, andererseits sollte dadurch, dass das Alkaloidgemisch die Mundschleimhäute austrocknet, der Bierverbrauch noch gesteigert werden (diesen Effekt erreicht man heute in Bayern durch massiv versalzenen „Steckerlfisch"). Es heißt, dass das berühmte bayrische Reinheitsgebot von 1516, das die Zutaten zum Bier auf Hopfen, Malz und Wasser beschränkt, sich nicht nur gegen den damals üblichen Zusatz von Zucker, sondern auch gegen den von Bilsenkraut gerichtet hat.

Der Spaziergänger wird Bilsenkraut eher selten zu Gesicht bekommen. Als wärmeliebender Vertreter der Ruderalflora (wie der Pflanzensoziologe sagt) wächst es auf Schuttplätzen, wo das bis zu einem Meter hohe, graugrün be-

© Springer-Verlag GmbH Deutschland 2018
F. Schade und H. Jockusch, *Betörend, berauschend, tödlich – Giftpflanzen in unserer Umgebung*,
https://doi.org/10.1007/978-3-662-56048-8_44

blätterte und behaarte Kraut zunächst wenig auffällt. Die Blüten wirken aber bei näherer Betrachtung durch ihre mattgelbe Farbe mit purpurschwarzem Adern einerseits reizvoll, andererseits unfreundlich, fast bedrohlich. Zudem riecht die Pflanze unangenehm. In Ungarn, wo das Bilsenkraut häufiger ist, soll es als Bienentracht zu giftigem Honig geführt haben (vgl. Rhododendron, Kap. 28). Am Mittelmeer schmückt das genügsame Weiße Bilsenkraut (*Hyoscyamus albus*) sonnendurchglühte Gemäuer mit seinem üppigem graugrünen Blattwerk und weißen Blüten.

**Abb. 44.1   Schwarzes Bilsenkraut**, wiss. *Hyoscyamus niger*, engl. *Henbane*, franz. *Jusquiame noire*; 4/5 nat. Größe. Zeichnung © Fritz Schade

# 45

# Fingerhut
## Wegerichgewächse, Plantaginaceae
## Sehr giftig!

Der Rote Fingerhut, wie er genauer heißt, ist eine unserer prächtigsten Wald- und Gartenpflanzen. Im Hochsommer erfreut er uns oft in Massen blühend auf sonnigen Kahlschlägen der Mittelgebirge. Es handelt sich um eine zweijährige Pflanze, die im ersten Jahr eine Rosette filzig graugrüner Blätter bildet, die wenig auffällt, und erst im zweiten Jahr den meterhohen Blütenstand hervorbringt.

Der Name Fingerhut leuchtet ein, obwohl die wenigsten Damen, die heute noch mit Nadel und Faden im trauten Heim sitzen, so dicke Finger haben dürften, dass sie eine Einzelblüte des Roten Fingerhuts damit ausfüllen würden. Schwieriger ist es mit dem englischen Namen *fox glove*, Fuchshandschuh. Sollen die einzelnen Zehen des Fuchses oder die ganze Pfote in so eine Blüte gesteckt werden? Auf jeden Fall klingt der Name hübsch nach Wald und Märchen. Der wissenschaftliche Gattungsname *Digitalis* klingt dagegen sehr modern, heißt aber eigentlich nur „zum Finger gehörig".

Früher zählte man die Pflanze Fingerhut zu den Rachenblütlern und ein Blick in seine Blüte ist wahrhaft wie der in einen Rachen, nur die Zunge fehlt. Jetzt haben die Botaniker entschieden, dass der stolze Fingerhut zum bescheidenen Fußvolk der Wegeriche gehört; außer einer Blattrosette und einem schlank nach oben gerichteten, ährenartigen Blütenstand kann der Pflanzenfreund und Laie aber keine Gemeinsamkeit zwischen Wegerich und Fingerhut sehen.

Die typischen Gifte der Fingerhutarten liefern ein klassisches Beispiel für den Grenzbereich zwischen Therapie und Toxikologie: Es handelt sich um Verbindungen, bei denen ein Kleinmolekül (das unseren Sexualhormonen ähnelt) mit einer Zuckerkette verbunden ist, also um Glykoside. Diese sind als Herzglykoside anerkannte Therapeutika, die den Herzschlag kräftigen und die Herzfrequenz verlangsamen. Sie dienen der Behandlung verschiedener Krankheiten wie Herzinsuffizienz und Vorhofflimmern. Die medizinische Verwendung von *Digitalis*-Präparaten wurde Ende des 18. Jahrhunderts, vor der chemischen Isolierung der Herzglykoside, etabliert. Obwohl der Wirkmechanismus kompliziert und auch heute nicht vollständig verstanden ist, handelt es sich nicht um eine obskure Kräutermedizin, sondern die Heilwirkung ist

© Springer-Verlag GmbH Deutschland 2018
F. Schade und H. Jockusch, *Betörend, berauschend, tödlich – Giftpflanzen in unserer Umgebung*,
https://doi.org/10.1007/978-3-662-56048-8_45

medizinisch gut belegt. Das Problem bei dieser Therapie ist jedoch die außerordentliche Giftigkeit auch nur schwach überdosierter *Digitalis*-Glykoside. Alle Fingerhutarten, zum Beispiel auch der Gelbe und der Wollige Fingerhut, enthalten das Gift in allen Pflanzenteilen. Der Verzehr von zwei bis drei Blättern soll tödlich sein, allerdings warnen die Blätter durch bitteren Geschmack. Die medizinisch verwendeten Herzglykoside werden überwiegend aus dem Gelben Fingerhut hergestellt.

Es ist noch zu erwähnen, dass Herzglykoside auch in anderen Pflanzengruppen, ja sogar in manchen Amphibien und Reptilien vorkommen.

**Abb. 45.1   Roter Fingerhut**, wiss. *Digitalis purpurea*, engl. *Purple foxglove*, franz. *Digitale pourprée*; 4/5 nat. Größe. Zeichnung © Fritz Schade

# 46

# Hundspetersilie
## Doldenblütler, Apiaceae
## Unscheinbar, aber sehr giftig!

Fingerhut und Herbstzeitlose sind, wenigstens in der Blüte, allgemein bekannte Giftpflanzen. Auch, dass mit dem hochgiftigen Eisenhut nicht zu spaßen ist, spricht sich allmählich herum. Es handelt sich bei diesen Beispielen um sehr auffällige Pflanzen, deren Anblick uns im Garten oder bei Wanderungen erfreut.

Dagegen wirkt die unscheinbare Hundspetersilie wie ein Geheimagent. Sie mogelt sich unversehens in unser Kräuterbeet ein und lässt sich dort pflegen, solange sie nicht als Giftpflanze erkannt wird. Ihr Name legt nahe, dass man sie mit der Petersilie verwechseln kann – darauf beruht die Empfehlung, im Garten nur die krause Variante der Petersilie auszusäen. Die türkische Hausfrau bevorzugt glatte Petersilie, die, solange sie ganz frisch ist, besser würzt als die krause. Der Autor ist bei Frankfurt aufgewachsen, wo man mindestens die sieben Kräuter kennen muss, aus denen die berühmte Grüne Soße bereitet wird. Darunter ist auch Kerbel, dessen Blätter so fein zerteilt sind wie die der Hundspetersilie. Diese ähnelt in der Blattform gar nicht der viel gröber geteilten Petersilie und müsste daher eigentlich Hundskerbel heißen (mit „Hunds...“ bezeichnete man früher gerne eine giftige Variante, vgl. Kap. 22, 49). Der Artname *cynapium* bedeutet Hundssellerie, was vom Aussehen ebenfalls nicht passt. Die Blätter der Hundspetersilie sind dunkler grün als die des Kerbels und unterseits glänzend. Eindeutig sind die drei genannten Kräuter an den Blüten zu unterscheiden: Petersilie blüht gelblich grün, die beiden anderen blühen weiß; aber nur die Hundspetersilie hat an jeder Blüte einen nach unten gerichteten Sporn, wie in der Abbildung gezeigt. Küchenkräuter verwendet man normalerweise, bevor sie blühen (außer Dill zum Einlegen von Gurken) und deshalb hilft noch ein anderer Test, der auch zur Unterscheidung von Bärlauch und Maiglöckchen empfohlen wird: Blätter zwischen den Fingern zerreiben und daran schnuppern; nur bei deutlichem, arttypischem Kräutergeruch verwenden (ohne diesen wäre selbst ein ungiftiges Kraut in der Küche nutzlos). Die Hundspetersilie hat einen schwachen, eher unangenehmen Geruch. Die ganze Pflanze ist durch den Gehalt an Aethusin, einem flüchtigen Kohlenwasserstoff, besonders für den Menschen sehr giftig. Die Symptome reichen von Brennen im Rachen über beschleunigten Puls, erweiterte Pupil-

© Springer-Verlag GmbH Deutschland 2018
F. Schade und H. Jockusch, *Betörend, berauschend, tödlich – Giftpflanzen in unserer Umgebung*,
https://doi.org/10.1007/978-3-662-56048-8_46

len, Dunkelfärbung und Auftreibung des Leibes bis zur Atemlähmung. Der englische Name *Fool's parsley* (Narrenpetersilie) drückt kein Mitleid mit dem Vergifteten aus.

Die Doldengewächse (früher poetisch Umbelliferae, Sonnenschirmträger, heute banal Apiaceae, Selleriegewächse) sind nicht nur mit den Gewürzkräutern und -samen wie Dill, Petersilie, Kerbel, Maggikraut, Kümmel und Koriander in unserer Küche vertreten, sondern auch mit gewichtigeren Feldfrüchten wie Gemüsefenchel, Sellerie und Möhren. Aber ebenso prominent sind einige davon als Giftpflanzen: Gefleckter Schierling und Wasserschierling sind meterhohe Gewächse, die man nicht mit den zarteren Küchenkräutern verwechseln kann. Einzig das Liebstöckel mit grob geteilten, intensiv nach Suppenwürze riechenden Blättern erreicht eine solche Größe. Der Gefleckte Schierling riecht sehr unangenehm. Seine starke Giftigkeit beruht auf dem Alkaloid Coniin (nach dem Gattungsnamen *Conium*). Man hat giftigen Schierling im Altertum zur Vollstreckung von Todesurteilen genutzt – bekannt ist der Schierlingsbecher, den Sokrates trinken musste.

Beim Verdacht auf das Vorkommen von Hundspetersilie im Garten ist Wachsamkeit und Sorgfalt angebracht – vor dem Zerkleinern der Salatkräuter! Man sollte die Hundspetersilie unbedingt jäten, bevor sie aussamen kann.

**Abb. 46.1  Hundspetersilie**, blühend und fruchtend, wiss. *Aethusa cynapium*, engl. *Fool's parsley*, franz. *Faux persil*; 4/5 nat. Größe. Zeichnung © Fritz Schade

# 47

## Kartoffel
### Nachtschattengewächse, Solanaceae
### Alle grünen Teile und die Blüten sind sehr giftig!

Die Kartoffel brilliert mit über 16 Mio. Einträgen im Internet – ein Großteil davon dürften Küchenrezepte sein. Sie ist der weitaus wichtigste Vertreter der nützlichen Nachtschattengewächse – und das beruht auf den Knollen, von denen mehr als vierzig Kilogramm pro Erdbewohner im Jahr geerntet werden. Kartoffeln werden auch Erdäpfel – wie im Französischen oder im Niederländischen – bei van Gogh mit seinem Gemälde *De aardappeleters* – oder Erdbirnen (im Hessischen Krumbiere) genannt, es handelt sich aber nicht um Früchte und auch nicht um Wurzeln, sondern, wie man an austreibenden Kartoffeln sehen kann, um verdickte unterirdische Sprosse.

Alles Grüne an der Kartoffel ist für uns giftig und das liegt an dem Alkaloid Solanin, dessen Siebenringsystem mit drei Zuckermolekülen verknüpft ist. Obwohl die unterirdische Kartoffelknolle, deren Stärkegehalt für einen guten Start in der nächsten Wachstumsperiode sorgen soll, eigentlich durch Fressfeinde besonders bedroht sein sollte, enthält sie nur Spuren von Solanin. Wird eben diese Kartoffel zur Verkaufsförderung im Supermarkt unter grellem Lampenlicht ausgestellt, so ergrünt sie nach einiger Zeit und ist dann giftig – ebenso wie die Triebe, die aus den Augen der Kartoffel sprießen.

Die Kartoffel stammt aus Südamerika, eingeführt wurde sie nach Europa aber nicht als Nutz-, sondern wegen ihrer schönen weißen oder violetten Blüten als Zierpflanze. Sie ist heute als Kulturpflanze über die ganze Welt verbreitet, mit Ausnahme der Wüsten- und Polarzonen. Die meisten Wildarten findet man in den Anden. In Perus Hauptstadt Lima gibt es ein internationales wissenschaftliches Institut für Kartoffelforschung mit einer riesigen Genbank, auf die man zurückgreift, wenn man nach natürlichen Resistenzen gegen Kartoffelschädlinge und -krankheiten, vor allem Viren und Pilze, sucht. Nach dem Ende des Zweiten Weltkriegs mussten sich viele Menschen in Deutschland mit einem eigenen Kartoffelanbau über den Winter retten. Das Schreckenswort hieß damals Coloradokäfer – so nannte man den hübschen, gelb-schwarz längsgestreiften Kartoffelkäfer. Die manchmal massenhaft auftretenden Käfer wurden mit der Hand von den Pflanzen gesammelt und

© Springer-Verlag GmbH Deutschland 2018
F. Schade und H. Jockusch, *Betörend, berauschend, tödlich – Giftpflanzen in unserer Umgebung*,
https://doi.org/10.1007/978-3-662-56048-8_47

gelegentlich gab es für gute Ausbeuten Taschengeldprämien. Der eigentliche Feind der Kartoffelpflanze ist aber die dickliche backsteinrote Larve des Käfers, die das Kartoffellaub in atemberaubender Geschwindigkeit wegputzt. Wenn dies geschehen ist, können die Kartoffelknollen unter der Erde natürlich nicht an Gewicht zulegen. Die Kartoffelkäfer und ihre Larven sind offensichtlich völlig unbeeindruckt von Solanin und anderen Giftstoffen des Kartoffelgrüns; wir können ihr munteres Treiben und ihre Vermehrung nachverfolgen, was bei Nacktschnecken, die ebenfalls Kartoffelgrün fressen, nicht so einfach ist.

Die Vergiftungserscheinungen nach Genuss grüner Teile der Kartoffel (auch gekochter grüner Knollen) betreffen den Magen-Darm-Trakt: Erbrechen und Durchfall. Außerdem treten eine Auflösung der roten Blutkörperchen und Lähmungen auf, wenn entsprechende Mengen verzehrt wurden. Mit der neuen gentechnischen Methode der Genomedierung (vgl. Kap. 14) wurden vor Kurzem in Japan solaninfreie Kartoffelsorten erzeugt (Ezura, 2017). Für die Anfälligkeit gegenüber Kartoffelkäfer- und Schneckenfraß dürfte der Verlust des Solanins unerheblich sein, da sich diese Schädlinge ohnehin nicht um das Alkaloid scheren. Bei der gegenwärtigen Rechtslage in Deutschland könnte die Zulassung einer solchen Kartoffelsorte allerdings ein Problem werden.

„Grün ist giftig" gilt auch für unsere zweitwichtigste Kulturpflanze aus der Familie der Nachtschattengewächse, die Tomate. Während die tomatenähnlichen Früchte der Kartoffel stets grün und giftig bleiben, baut die reifende Tomatenpflanze die Giftstoffe ihrer Früchte während der Reifung ab.

**Abb. 47.1   Kartoffel**, mit ergrünter Knolle, wiss. *Solanum tuberosum*, engl. *Potato*, franz. *Pomme de terre*; 4/5 nat. Größe. Zeichnung © Fritz Schade

# 48

## Prunkwinde
### Windengewächse, Convolvulaceae
### Sehr giftig, gefährliches Rauschmittel!

„Was hätten Sie denn gern? Leckere Beilage zum Hühnchen? Schmuck an der Pergola? Rauschgift?" – das alles bietet uns die Gattung *Ipomea*. Die Art *Ipomea batatas*, die aus Südamerika stammende, in wärmeren Gegenden auf der Erde angebaute Süßkartoffel, hat mit der Kartoffel nur so viel zu tun, als sie ebenfalls ein stärkereiches Vorratsorgan der Pflanze und damit einen wichtigen Beitrag zur Ernährung der Weltbevölkerung liefert.

Aus Mexiko kommt wohl die Stammart der bei uns als Zierpflanzen kultivierten Prunkwinden, zum Beispiel *Ipomea. tricolor*. Die großen Trichterblüten der Prunkwinden öffnen sich an sonnigen Vormittagen und beeindrucken durch ein sehr intensives Blau, schließen sich aber am Nachmittag schon wieder – daher der englische Name *morning glory*. Unsere beiden lästigen Unkräuter, die Acker- und die Zaunwinde, die derselben Familie angehören, haben dieselbe Blütenform, bringen es aber nur zu einem rosa angehauchten bzw. reinem Weiß. Sie enthalten ein Herzglykosid, sind aber nur schwach giftig.

Dagegen enthält die Prunkwinde psychoaktive Lysergsäurederivate, die bekanntlich stark halluzinogen sind. Die mexikanischen Indianer stellten aus den zerquetschten Samen einen Trank her, der sie in einen hypnotisierten Zustand versetzt hat, in dem sie mit ihren verstorbenen Ahnen Kontakt aufnehmen konnten – bei zu hohen Dosen konnte dies allerdings eine Kontaktaufnahme ohne Rückkehr werden.

Das Lysergsäuremolekül besteht aus vier Ringen, von denen zwei Stickstoff enthalten. Es liegt auch dem wehenfördernden Alkaloid des Mutterkorns, dem von einem parasitischen Pilz befallenen schwarzen Getreidekorn, zugrunde. Heute ist ein chemisch synthetisiertes Derivat der Lysergsäure, das Lysergsäurediethylamid (LSD), ein verbreitetes und gefährliches Rauschgift.

© Springer-Verlag GmbH Deutschland 2018
F. Schade und H. Jockusch, *Betörend, berauschend, tödlich – Giftpflanzen in unserer Umgebung*,
https://doi.org/10.1007/978-3-662-56048-8_48

**Abb. 48.1   Prunkwinde**, wiss. *Ipomoea* sp., engl. *Morning glory*, franz. *Ipomée*; 4/5 nat. Größe. Zeichnung © Fritz Schade

# 49

## Oleander
### Hundsgiftgewächse, Apocynaceae
### Sehr giftig!

Mit dem Namen Oleander verbinden wir kilometerlange Reihen von üppig rot, rosa, lachs- und cremefarbenen blühenden Büschen auf den Mittelstreifen italienischer Autobahnen, deren biegsame Zweige sich im Wind beugen. Zu Hause geht es um die mit Glück ebenfalls üppig blühenden Büsche in bleischweren Kübeln auf der Terrasse, die uns im Frühjahr und im Herbst, wenn wir die Gefäße zu einem frostsicheren Ort tragen, mit Bangen an unsere Bandscheiben denken lassen. Daran, dass Oleander sehr giftig ist, denkt fast keiner, denn die wenigsten wissen, dass der prachtvolle immergrüne Strauch zu einer Pflanzenfamilie mit dem hässlichen Namen Hundsgiftgewächse gehört. Aber sehen wir uns mal die Blüte näher an: Sie ist fünfzählig, aber mit der Drehsymmetrie eines Windrädchens. Stellen wir uns diese Blüte dunkelblau vor, dann sind wir beim Immergrün, einem anderen Hundsgiftgewächs (Kap. 22). Oleander ist eine Pflanze heißer Klimate, die Wildform ist in den westlichen Anrainerländern des Mittelmeeres zu Hause.

Alle Teile der Pflanze sind giftig – Blätter, Blüten und Holz, auch Samen und Wurzeln –, aber an letztere wird man nicht so leicht herankommen. Während die Gifte des Immergrüns eine gewisse Rolle in der Tumorchemotherapie spielen, sind die Giftstoffe des Oleanders Herzglykoside (siehe auch Fingerhut, Kap. 45). Die Vergiftungssymptome reichen von Taubheit im Mund über Übelkeit, Erbrechen, Krämpfe, Herzrhythmusstörungen bis zu Schock, Atemnot und Tod nach wenigen Stunden.

Also Vorsicht beim Umpflanzen und Hantieren mit den Kübeln auf der Terrasse oder im Garten. Verzicht auf den Oleanderkübel dort, wo es kleine Kinder gibt! Das dankt auch der Rücken des Vaters.

© Springer-Verlag GmbH Deutschland 2018
F. Schade und H. Jockusch, *Betörend, berauschend, tödlich – Giftpflanzen in unserer Umgebung*,
https://doi.org/10.1007/978-3-662-56048-8_49

**Abb. 49.1   Oleander**, wiss. *Nerium oleander*, engl. *Oleander*, franz. *Laurier rose*; 4/5 nat. Größe. Zeichnung © Fritz Schade

# 50

## Stechapfel
### Nachtschattengewächse, Solanaceae
### Sehr giftig!

Der Stechapfel ist eine wärmeliebende, krautige Pflanze, die gelegentlich auf Schuttplätzen und an Wegrändern zu finden ist. Es ist nicht ganz klar, ob sie aus der Neuen Welt bei uns eingeführt wurde oder schon vor deren Entdeckung weltweit verbreitet war. Die saftig grünen Blätter sind bei der jungen Pflanze einfach geformt und länglich, bei der erwachsenen breit und mit Zipfeln an den Rändern. Die hinfälligen weißen Tütenblüten ähneln denen einer Zaunwinde. Auffällig wird die Pflanze erst durch ihre stacheligen Früchte, die wie die Blüten etwas verklemmt in der Basis der Verzweigungsgabeln sitzen. Im unreifen, grünen Zustand erinnern sie an die Früchte der Rosskastanie, im reifen Zustand sind sie braun, sehr hart und platzen schließlich auf, sodass man die dunkelbraun glänzenden, stecknadelkopfgroßen Samen sehen kann. Für Zahlenfreunde: Während die Blüte, wie sich das für Nachtschattengewächse gehört, fünfzählig ist, platzt die daraus hervorgegangene Frucht kreuzförmig, also vierzählig, auf. In den heißen staubigen Sommern Ungarns fühlt sich der Stechapfel besonders wohl – die gleichzeitige Verwendung von geraden und ungeraden Takten charakterisiert auch die Musik der Puszta.

Aber warum soll uns diese Pflanze interessieren? Das hat zwei Gründe: Zum Ersten ist sie durch den Gehalt an mehreren Alkaloiden sehr giftig, zum Zweiten sind einige dieser Alkaloide halluzinogen. Tückisch ist das Gemisch von Atropin, dem Hauptgift der Tollkirsche (vgl. Kap. 51), und Scopolamin, einem Halluzinogen. Es erzeugt lang anhaltende Rauschzustände, die vom psychedelischen Höhenflug in rasender Geschwindigkeit mit Aufhebung des Zeitempfindens bis zu Angstzuständen reichen. Immer wieder glauben erwachsene Menschen, sie müssten diese Erfahrung an sich selbst machen (wie der Autor im eigenen Bekanntenkreis erfahren hat). Auf einer Internetseite heißt es: „Nebenwirkungen [...] Atemlähmung, Herzstillstand, Tod". Wohlgemerkt: Nebenwirkungen! Der Alkaloidgehalt des Stechapfels kann stark schwanken und die Giftwirkung des Atropins überlagert den Scopolaminrausch. Fünfzehn Stechapfelsamen können für einen Menschen tödlich sein. Wer wiederholte Räusche überstanden hat, kann für den Rest seines Lebens psychisch gestört sein. Obwohl die Blüte des Stechapfels auf den Besuch von Nachtfaltern angelegt ist, soll es in Ungarn durch überwiegen-

© Springer-Verlag GmbH Deutschland 2018
F. Schade und H. Jockusch, *Betörend, berauschend, tödlich – Giftpflanzen in unserer Umgebung*,
https://doi.org/10.1007/978-3-662-56048-8_50

de Stechapfeltracht zu giftigem Honig gekommen sein (vgl. Kap. 28 und Kap. 44).

Bei den Indianerstämmen Kaliforniens wurden Stechapfelaufgüsse als rituelle Rauschmittel, aber auch zur Betäubung bei schmerzhaften Verletzungen und chirurgischen Eingriffen angewendet. Bei uns waren Stechapfel, Bilsenkraut (Kap. 44) und Tollkirsche (Kap. 51) schon vor Jahrhunderten als Bestandteile von Hexensalben berüchtigt.

Der Gebrauch von Tee oder Rauch von Stechapfelblättern oder -samen ist im Gegensatz zur Verwendung klassischer Rauschgifte nicht unter Strafe gestellt.

**Abb. 51.1**   **Stechapfel**, mit unreifer und reifer Frucht, wiss. *Datura stramonium*, engl. *Thorn apple*, franz. *Stramoine*; 4/5 nat. Größe. Zeichnung © Fritz Schade

# 51

## Tollkirsche
### Nachtschattengewächse, Solanaceae
### Sehr gefährliche Giftpflanze!

Kein vernünftiger Mensch wird Tollkirschen in einen Hausgarten pflanzen, obwohl diese großen, etwas düster wirkenden Nachtschattengewächse mit schirmartigem Wuchs, einfach geformten dunkelgrünen Blättern, rotbraunen Glockenblüten und schwarzglänzenden, kirschgroßen Früchten durchaus reizvoll sind. Beim sommerlichen Spaziergang durch einen feuchten Laubwald stehen sie jedoch unvermittelt am Wegesrand. Da heißt es, Kleinkinder zurückzuhalten, die größeren vor den glänzend schwarzen, angenehm süß schmeckenden Wolfskirschen (so sagen die Niederländer) zu warnen. Die gesamte Pflanze, nicht nur die Frucht, enthält ein Giftgemisch, darunter Komponenten, die Halluzinationen hervorrufen. Man wird vom Genuss „toll", toll im Sinne von irre nicht von prima oder bestens (diese Bedeutung von „toll" ist jüngeren Datums): Unruhe, Rededrang, Lachlust, Weinkrämpfe, Tanzlust, Irrereden, Schreien, Halluzinationen, Zittern, Delirien, Wahnsinnsanfälle, Kollaps, Lähmung, Koma. Der wissenschaftliche Gattungsname *Atropa* leitet sich von *atropos*, unabwendbar, bzw. Atropos, einer der drei Schicksalsgöttinnen in der griechischen Mythologie, ab. Atropos ist diejenige, die den Lebensfaden durchschneidet; der Name bezieht sich auf die tödliche Dosis: Angeblich reichen drei bis vier Beeren für Kinder, zehn bis zwölf für Erwachsene.

Jeder, der schon einmal bei Augenarzt war, kennt diese Prozedur: Zurücklehnen, sich etwas ins Auge träufeln lassen, wieder ins Wartezimmer, bis man gerufen wird. Die Wartezeit ist bedingt durch die Einwirkungszeit der Atropintropfen, die gewünschte Wirkung ist die Pupillenerweiterung durch das Gift, die dem Arzt einen besseren Blick auf den Augenhintergrund ermöglicht. Die Artbezeichnung *belladonna* (schöne Frau), leitet sich wohl vom gleichen Effekt ab: Die vergrößerten Pupillen lassen die Augen einer Frau ausdrucksvoller, attraktiver erscheinen, machen sie aber unter südlicher Sonne sehr blendempfindlich. Man benutzt heute chemische Abkömmlinge des Atropins, deren Wirkung schneller nachlässt als die des Pflanzengifts.

Die Gifte der Tollkirsche sind Alkaloide, und damit hitzestabile Kleinmoleküle. Das Atropin bindet an die gleichen Rezeptoren, an die auch das Gift des Fliegenpilzes (*Amanita muscaria*) bindet und die deshalb muskarinische

© Springer-Verlag GmbH Deutschland 2018
F. Schade und H. Jockusch, *Betörend, berauschend, tödlich – Giftpflanzen in unserer Umgebung*,
https://doi.org/10.1007/978-3-662-56048-8_51

Rezeptoren heißen. Ein Teil des vegetativen Nervensystems, der Parasympathikus, stimuliert mit seinem Botenstoff Acetylcholin Organe mit glatter, unwillkürlicher Muskulatur wie zum Beispiel den Magen-Darm-Trakt und die innere Augenmuskulatur. Über deren muskarinische Rezeptoren wird die Pupillenverengung bei starkem Lichteinfall reguliert. Atropin blockiert dieses Zusammenspiel zwischen Acetylcholin und seinen Rezeptoren und führt so zur Pupillenerweiterung.

Die Augenbehandlung zeigt, dass eine Giftwirkung nicht nur von der Menge des Gifts, sondern auch vom Applikationsort abhängt. Atropin regt die Herztätigkeit an und kann deshalb auch kontrolliert gegen akut verlangsamten Herzschlag, beispielsweise bei einer Vergiftung durch Scilla oder Meerzwiebel (Kap. 10) eingesetzt werden.

Nach dem Verzehr von Tollkirschen setzt die lange Folge der Vergiftungserscheinungen schon nach einer Viertelstunde ein. Sie endet unbehandelt mit Tod durch Atemlähmung.

**Abb. 51.1** **Tollkirsche**, blühend und fruchtend, wiss. *Atropa belladonna*, engl. *Deadly night shade*, franz. *Belladone*; 4/5 nat. Größe. Zeichnung © Fritz Schade

# 52

## Tabak
### Nachtschattengewächse, Solanaceae
### Sehr giftig!

„Die Politik" heißt es heutzutage oft, wenn ein Urheber von Unbegreiflichem, Empörenden ausgemacht werden soll. Erst recht gilt das für „die Politik der EU". Ein schönes Beispiel bietet der Tabak: Dieselbe Institution, die Sprüche mit Trauerrand wie „Rauchen kann tödlich sein" und grausige Krankheitsbilder auf Zigarettenschachteln drucken lässt, hat jahrzehntelang den Tabakanbau mit Steuermillionen gefördert – in Deutschland zum Beispiel im Oberrheintal. In Europa sind insgesamt eine Milliarde Euro pro Jahr geflossen. Diese paradoxe Subventionierung wurde in den letzten Jahren schrittweise reduziert, aber bisher nicht völlig beendet.

Die derzeit noch gebräuchlichen Tabaksorten, der abgebildete Virginische Tabak, *Nicotiana tabacum*, und der Bauerntabak, *Nicotiana rustica*, sind jeweils durch Artkreuzung und Verdopplung der Chromosomenanzahl aus südamerikanischen Wildarten hervorgegangen. Der Anbau von Tabak hat sich in der Neuen Welt mit dem Maisanbau über Mexiko nach Norden verbreitet. Fast im gesamten Nordamerika wurde Tabak von den Indianern gekaut, geschnupft und geraucht, oder als Weihrauch bei religiösen Riten eingesetzt. Die berühmte Friedenspfeife der Indianer, wenn sie denn seinerzeit geholfen hat, hätte in unserer Zeit eine Wiederbelebung verdient.

Und angebauter Tabak kann sich sehen lassen: ein blühendes Tabakfeld, rosa Blüten in lockerer Dolde über saftig hellgrünem Blattwerk vor der friedlich schönen Hügel- und Bergkulisse des Oberrheintals, das ist ein schönes Bild, eine Augenweide. Dazu kommt die interessante Ernte der großen Blätter, die in mehreren Runden von der Basis her von Hand abgeerntet werden, sodass die Pflanzen schrittweise von unten entblättert werden und stehenbleiben, bis auch die obersten Blätter erntereif sind. Die Blätter werden sorgfältig in spezielle Wagen geschichtet und schließlich in luftigen Scheuern, in Baden Schopf genannt, im Luftdurchzug getrocknet.

Trotz ihrer Schönheit findet man die landwirtschaftlich genutzten Tabaksorten wegen ihrer Größe kaum in Ziergärten, wohl aber zierliche Tabaksorten mit weißen bis dunkelroten Blüten, die das gleiche Gift enthalten wie ihre großen Brüder auf dem Feld. Wir sind wieder bei den Nachtschattengewächsen. Das Hauptgift des Tabaks, das Nikotin, ist neben Koffein das bekannteste

© Springer-Verlag GmbH Deutschland 2018
F. Schade und H. Jockusch, *Betörend, berauschend, tödlich – Giftpflanzen in unserer Umgebung*,
https://doi.org/10.1007/978-3-662-56048-8_52

Alkaloid und als solches hitzestabil. Schließlich muss es die Gluthitze der Zigarette, der Zigarre oder der Pfeife überstehen, damit der Raucher es als aktive Droge einatmen kann.

Der Tabakqualm hatte in Europa eine große kulturgeschichtliche Bedeutung, von den Tabakskollegien in den Niederlanden bis zum preußischen Königshof. Über das Tabakrauchen hat Madame de Staël (1766–1817) geurteilt: „Wer Tabak schnupft, sieht aus wie ein Schwein; wer Tabak raucht, riecht wie ein Schwein; wer Tabak kaut, ist ein Schwein" (vgl. DIE ZEIT 48/1974).

Dieses vernichtende Urteil hat aber dem Tabakkult keinen Abbruch getan, der in unserer Zeit bis zu Altbundeskanzler Helmut Schmidt gereicht hat. Viele Philosophen, Schriftsteller und Künstler des vergangenen Jahrhunderts sind ohne Zigarre, Zigarette oder Zigarre gar nicht vorstellbar – man denke an Sigmund Freud, Jean-Paul Sartre oder Max Frisch. Mit der beruhigenden und zugleich anregenden Wirkung des Nikotins entsteht bei vielen Menschen, besonders jungen, eine fatale Abhängigkeit, von der man sich nur unter großer Anstrengung wieder freimachen kann. Die für die Lunge, aber auch für Rachenraum und Zunge gefährlichen, weil krebsauslösenden Substanzen im Zigarettenrauch sind Teerstoffe, die durch die Verbrennung des Tabaks entstehen. Dafür kann man die Tabakpflanze nicht verantwortlich machen.

Nikotin ist nicht nur eine Suchtdroge, sondern auch ein unmittelbar gefährliches Gift, sobald es in den Magen-Darm-Trakt gerät, wenn etwa ein Kleinkind einen Zigarettenstummel verschluckt. Wie das Atropin (vgl. Tollkirsche, Kap. 51) besetzt es Bindungsstellen eines Rezeptors für den körpereigenen Botenstoff Acetylcholin, in diesem Fall solche vom nikotinischen Typ. Nikotinische Acetylcholinrezeptoren gibt es an den Verbindungsstellen zwischen Nerven und willkürlicher Muskulatur, aber auch im vegetativen (sympathischen) Nervensystem, zum Beispiel in den Synapsen am Herzmuskel, und im Gehirn. Obwohl das Nikotin die Rezeptoren aktiviert, kann es wie das Gift des Schierlings (vgl. Kap. 46) und das des Besenginsters (Kap. 24) Herzstillstand und Atemlähmung bewirken.

Nikotin und seine chemischen Varianten sind nicht nur für Wirbeltiere, sondern auch für Insekten giftig, und werden deshalb als Insektizide eingesetzt. Die Muskeln der Insekten werden zwar nicht durch Acetylcholin aktiviert, wohl aber Verbindungen innerhalb ihres Nervensystems. Der Autor hat selbst als Student in den Gewächshäusern eines wissenschaftlichen Instituts gearbeitet, in denen ausschließlich Tabakpflanzen gezogen wurden. Am Schluss des Arbeitstags musste die Weiße Fliege (*Trialeurodes vaporariorum*), ein gefürchteter Schädling, durch das Abbrennen von Räucherkegeln bekämpft werden – und diese krümeligen braunen Kegel bestanden aus gepulverten Resten

**Abb. 52.1  Virginischer Tabak**, wiss. *Nicotiana tabacum*, engl. *American tobacco*, franz. *Tabac de Virginie*; 3/5 nat. Größe. Zeichnung © Fritz Schade

der Tabakindustrie! Bei der Weißen Fliege ist es wohl anders herum als beim Menschen: Das Nikotin im Magen-Darm-Trakt schadet ihr nicht, das über ihre Tracheen inhalierte ist aber ein akut wirkendes, tödliches Gift.

Man glaubt, dass die sehr hohe Konzentration von Nikotin in der Pflanze den großen, zarten Blättern natürlicherweise der Abwehr von Fressfeinden dient, obwohl nicht nur die Weiße Fliege, sondern auch der in den USA gefürchtete Tabakschwärmer *Manduca sexta* (nach seiner riesigen, bildschönen Raupe *Tobacco hornworm* genannt) sich davon nicht beeindrucken lässt. Es ist wie immer im Leben: Jede noch so aufwendige Schutzmaßnahme werden die Gauner mit neuen Tricks unterlaufen. Der Trick des Hornwurms besteht darin, das mit dem Blattgewebe aufgenommene Nervengift Nikotin durch spezielle Drüsen wieder auszuschwitzen. Das oberflächliche Nikotin schützt ihn zusätzlich vor verschiedenen Fressfeinden.

Was für die Giftigkeit der auf Feldern gezogene Nutzpflanze Tabak gilt, trifft natürlich auch für deren kleinere Vettern, die Ziertabake, zu. Sie erfreuen mit weißen bis purpurroten Blüten, ihre Blätter sind sehr viel kleiner als die der kommerziellen Tabakpflanzen und dunkelgrün. Die Verwendung der Blüten zum Dekorieren des Nachtischs ist nach dem oben Gesagten nicht anzuraten.

Weltweit werden sechs Millionen Todesfälle jährlich auf Tabakrauch zurückgeführt, in Deutschland 140.000, davon etwa zwei Prozent auf unfreiwilliges, passives Rauchen – Folge des Zusammenwirkens eines süchtig machenden Alkaloids und krebsauslösender Teerstoffe mit dem aggressiven Gewinnstreben der Tabakindustrie und einem extrem unvernünftigen menschlichen Individualverhalten. Was die Zahl der Opfer betrifft ist damit der Tabak die bei Weitem gefährlichste Giftpflanze.

# 53

## Engelstrompete
### Nachtschattengewächse, Solanaceae
### Sehr giftig!

„Nicht zum Genuss geeignet" hat der Autor auf der Verpackung von kleinen Pflanzen der Engelstrompete in einem Markt gelesen. Da handelt es sich wohl um ein *understatement*, wie der Engländer sagen würde: Die Engelstrompeten, als ausdauernde, aber frostempfindliche Kübelpflanzen mit verholzenden Stämmen häufig zu sehen, sind wie ihr wild lebender Verwandter, der einjährige Stechapfel (Kap. 50), sehr giftig. Die riesigen, hängenden, meist weißen, blassgelben oder lachsfarbenen Blüten der Engelstrompete oder *Brugmansia* sehen nicht nur dufte aus, sie „duften himmlisch", wie es in einem Angebot für diese Pflanzen heißt; der kleine Bruder Stechapfel riecht dagegen widerwärtig. Die bei den Engelstrompeten stachellosen Früchte sind verlockend für Kinder. Wie beim Stechapfel löst das in allen Teilen der Pflanze enthaltene Giftgemisch Halluzinationen aus, kann aber durchaus tödlich sein. Zur Blütezeit ist der Alkaloidgehalt besonders hoch.

Die Engelstrompeten kommen aus der Neuen Welt, aus der Andenregion Südamerikas. Ihre Wirkung war den Indianern bekannt: Ein Stamm versetzte ungezogene Kinder mit Präparaten daraus in Trance, damit die verstorbenen Ahnen zu ihnen sprechen und sie zur Ordnung rufen konnten. Bei der hohen Lebenserwartung heutiger Großeltern benötigen wir solche Methoden nicht, zumal sie sehr gefährlich für die Kinder sind. Die Gifte der Engelstrompete wurden von bestimmten Indianerstämmen auch für extrem grausame Riten nach Stammesfehden missbraucht, nämlich um die mit dem entsprechenden Trank betäubten Frauen der getöteten Gegner lebendig zu begraben. Dass das Atropin im Alkaloidgemisch der *Brugmansia* von der Blüte über die Hand durch Schleimhäute eindringt, zeigt die Fotografie eines dreijährigen Jungen, die Ärzte im Universitätskrankenhaus in Genf aufgenommen haben. Er hatte sich eine Blüte gepflückt und sich dann das rechte Auge gerieben. Man sieht eine riesig erweiterte Pupille, während die Pupille des linken Auges im hellen Licht winzig ist (vgl. Kap. 51).

Mit solchen geschichtlichen Assoziationen und gegenwärtigen Erfahrungen kommt uns die Engelstrompete gar nicht mehr so lieblich vor. Das Betäubungsmittelgesetz ignoriert die Engelstrompete, aber eine internationale *Brugmansia*-Gesellschaft registriert die wachsende Zahl dekorativer

© Springer-Verlag GmbH Deutschland 2018
F. Schade und H. Jockusch, *Betörend, berauschend, tödlich – Giftpflanzen in unserer Umgebung*,
https://doi.org/10.1007/978-3-662-56048-8_53

Blütenform- und Farbvarianten, die durch Kreuzungen und Zuchtwahl aus den verschiedenen Wildarten erzeugt werden.

Wo kleine Kinder im Haus sind oder zu Besuch kommen, sollte man auf diesen Terrassen- oder Balkonschmuck verzichten, damit der Name Engelstrompete nicht zu einem unheimlichen Omen wird.

**Abb. 53.1** **Engelstrompete**, wiss. *Brugmansia* sp., engl. *Angel tears datura*, franz. *Stramoine odorante*; 3/5 nat. Größe. Zeichnung © Fritz Schade

# 54

# Rizinus, Wunderbaum
## Wolfsmilchgewächse, Euphorbiaceae
## Sehr giftig, für Kinder besonders gefährlich!

Im Jahre 1978 passierte etwas in der Innenstadt von London, das einem Agentenfilm alle Ehre gemacht hätte: Der bulgarische Schriftsteller Georgi Markow, der im Exil gegen den damaligen diktatorischen Staatschef Schiwkow agitierte, wurde auf der Waterloo-Brücke von seinem Hintermann mit der Spitze eines Regenschirms in den Unterschenkel gepiekst. Das Ereignis wurde zunächst als Versehen abgetan. Drei Tage später starb Markow an einer Vergiftung. Seine Obduktion ergab, dass man ihm eine winzige poröse Metallkugel in die Wade injiziert hatte, die weniger als ein zwanzigtausendstel Gramm (vierzig Mikrogramm) des Gifts Rizin freisetzte. Das Gift war aus den Samen des Wunderbaums (Rizinus) gewonnen worden. Mit fünf Samen kann sich ein Kind tödlich vergiften.

In der Schrebergartenzeit nach dem Zweiten Weltkrieg hat man sich vornehmlich um Kartoffeln, Kohl, Bohnen und Tomaten gekümmert. Das war lebensnotwendig, aber Schmückendes und Besonderes musste auch sein: So wurden die Samen des Wunderbaums, die wie prall gefüllte Zeckenbäuche (lat. *ricinus*, Zecke) aussehen, in die Erde versenkt und in heißen Sommerwochen wuchsen die dunkelgrünen, weinrot angehauchten Pflanzen tatsächlich mit wunderbarer Geschwindigkeit zu mehreren Metern Höhe. Neben den robusten handförmigen Blättern – daher auch der Name Palma Christi, „Christi Hand" für die Rizinuspflanze – beindruckten fremdartige, pinkfarbene Blütenbüschel und die stachligen, runden Früchte, in denen die Samen reiften. Der Autor erinnert sich nicht, dass damals die Giftigkeit der Samen in besonderer Weise besprochen wurde.

Der Wunderbaum ist im Alten Testament erwähnt: Der Prophet, der seinen Gott mehrfach erzürnt hat, muss zur Strafe drei Tage im Bauch eines Wals verbringen und endet später unter einem schnell aufgewachsenen Rizinusstrauch als notdürftigem Schattenspender. Jonah bereut seine Widerspenstigkeit aber erst, nachdem der Wunderbaum verdorrt ist.

Älteren Leuten fällt bei dem Begriff Rizinus das früher gebräuchliche Abführmittel Rizinusöl ein. Auch heute noch wird in Ländern mit heißem Klima aus den Samen der Rizinuspflanze Öl gewonnen, auch für technische Zwecke. Beim Abführmittel, das in beträchtlichen Mengen, teelöffelweise, verabreicht

© Springer-Verlag GmbH Deutschland 2018
F. Schade und H. Jockusch, *Betörend, berauschend, tödlich – Giftpflanzen in unserer Umgebung*,
https://doi.org/10.1007/978-3-662-56048-8_54

wurde, wundern wir uns: Wenn das hochgiftige Rizin in den gleichen Samen vorkommt wie das Öl, weshalb stellt das Öl kein Vergiftungsrisiko dar? (Wenn man mal außer acht lässt, dass der kräftige Durchfall auch eine Giftwirkung ist, bedingt durch einen Bestandteil des Öls, die Rizinolsäure.) Hier kommt die Chemie ins Spiel: Rizin ist ein wasserlösliches Eiweiß, das nicht in Öl löslich ist. Bei der Ölgewinnung sammelt es sich im wässrigen Schlamm, dem Presskuchen. Der Presskuchen seinerseits ist potenziell ein nahrhaftes Viehfutter, durch das Rizin aber sehr giftig. Als Eiweiß ist Rizin aber hitzeempfindlich, kann also durch sorgfältiges Erhitzen des Presskuchens inaktiviert werden.

Hauptsächlich die Samen des Wunderbaums, auch Castorbohnen („Biberbohnen") genannt, sind extrem giftig, auch für Haustiere. Das hochgefährliche Rizin ist in der Samenschale enthalten. Es besteht aus zwei funktionellen Einheiten: eine, die als Lektin (vgl. die Kap. 25, 43 und 63) an Zelloberflächen bindet, die andere, die in der Zelle die Proteinsynthese lahmlegt. Die Tücke des Gifts ist, dass es erst nach Stunden oder Tagen seine Wirkung zeigt und kein Gegenmittel bekannt ist. Die Symptome sind blutiges Erbrechen, blutiger Durchfall, Nierenschaden, Leberschaden und zuletzt Kreislaufkollaps. Die Verwendung von Rizin als Kampfstoff wurde bereits vor 100 Jahren erwogen; es ist derzeit als biologischer Kampfstoff klassifiziert. Ob nicht ähnliche Kontrollen wie für andere Gefahrstoffe auch für den Verkauf von Rizinussamen als Saatgut und ihre Verwendung für Halsketten angebracht wären?

**Abb. 54.1   Rizinus, Wunderbaum**, mit Früchten und Samen, wiss. *Ricinus communis*, engl. *Castor plant*, franz. *Ricin*; 4/5 nat. Größe. Zeichnung © Fritz Schade

# 55

## Eibe
### Eibengewächse, Taxaceae

## Sehr giftig (mit Ausnahme der roten Fruchtbecher)!

Die Eibe ist an feuchten, schattigen Plätzen des Gartens ein zwar langsam wachsendes, aber unverwüstliches und, als einziger Nadelbaum, fast beliebig trimmbares Hecken- und Sichtschutzgehölz. Ohne Rückschnitt kann sie aber auch zu einem stattlichen Baum heranwachsen, dessen rundliche Krone schon am Boden ansetzt.

Im Mittelalter wurden aus dem elastischen und zähen Eibenholz Bögen gefertigt. Die berühmteste Ausführung ist der englische Langbogen, dessen Länge der Größe des Schützen angepasst wurde. Diese Waffe hat vor der Einführung der Feuerwaffen über den Ausgang von Schlachten entschieden. Die besondere Eigenschaft ihres Holzes wurde der europäischen Eibe zum Verhängnis: Sie wurde praktisch ausgerottet, ist aber derzeit in verschiedenen Wuchsvarianten ein weit verbreitetes Garten-, Park- und Friedhofsgehölz.

Bei der Eibe gibt es eine bescheidene sexuelle Vielfalt: Meist befinden sich männliche und weibliche Blüten auf verschiedenen Individuen (Zweihäusigkeit), es gibt aber auch einhäusige, zwittrige Individuen, die sowohl männliche als auch weibliche Blüten tragen (vgl. auch Kap. 39).

Wie alle Nadelbäume ist die Eibe ein Windbestäuber: Für Allergiker kann eine üppige Eibenblüte, bei der sich Pollenwolken in der Luft befinden, deshalb sehr lästig werden. Die Nadelbäume gehören im Gegensatz zu den Laubbäumen zu den Nacktsamern. Die nackten Samen befinden sich bei den meisten Nadelbäumen mit einem Flügel versehen auf den Schuppen der Zapfen, von wo sie Vögel wie der Tannenhäher mit Freude wegpicken, oder, im Falle der italienischen Pinien, sie als harzig schmeckende Pinioli im Pesto oder anderen italienischen Leckereien landen. Die Eibe fällt hier aus dem Rahmen: Ihre weiblichen Blüten umschließen die einzelnen Samen mit einem leuchtend roten, mit einer süßlichen, glibberigen Masse prall gefüllten, becherförmigen Mantel, in dessen Mitte das nackte Samenkorn zu sehen ist. Zum Graus der Botaniker werden diese Früchtchen im Volksmund als Beeren bezeichnet. Diese werden gerne von Amseln gefressen, die unverletzten Samen werden mit ihrem Kot ausgeschieden und so verbreitet. Wenn Kinder den Kern zerbeißen

© Springer-Verlag GmbH Deutschland 2018
F. Schade und H. Jockusch, *Betörend, berauschend, tödlich – Giftpflanzen in unserer Umgebung*,
https://doi.org/10.1007/978-3-662-56048-8_55

und verschlucken, können sie sich vergiften. Es gibt Berichte, dass Schafe und Rinder durch Abweiden von Eibenzweigen zu Tode gekommen sind.

Verantwortlich für die Giftwirkung ist die Substanz Taxol und ihre Varianten aus der Gruppe der Taxane, die aus einem komplizierten Ringsystem aufgebaut sind, das die Zellteilung hemmt (vgl. Kap. 23). Eine chemotherapeutisch wirksame Variante wird aus der Rinde der Kalifornischen Eibe gewonnen und in der Tumortherapie eingesetzt. Da der Bedarf das natürliche Vorkommen dieser Eibenart übersteigt, wird inzwischen auch aus den Nadeln unserer Eibe eine Vorstufe der Droge gewonnen und chemisch modifiziert. Um von den langsam wachsenden Eiben unabhängig zu werden, arbeitet man zurzeit an der vollsynthetischen Herstellung von Taxolabkömmlingen. Ähnlich wie die *Vinca*-Alkaloide (vgl. Kap. 22) blockieren Taxol und seine Varianten die Chromosomenverteilung bei der Zellteilung und damit besonders die Vermehrung schnellwachsender Tumorzellen. Sie haben aber auch dieselben Nebenwirkungen.

**Abb. 55.1   Eibe**, mit Früchten, wiss. *Taxus baccata*, engl. *Common yew*, franz. *If*; 4/5 nat. Größe. Zeichnung © Fritz Schade

# 56

## Buchsbaum
### Buchsbaumgewächse, Buxaceae
### Giftig

Hochzeitsdekoration, Umrahmung für den Frühlingswichtel, Türkranz, Weihnachtskranz, Buchskranzl für liebe Gäste zum Abschied – trotz des etwas strengen Geruchs der Blätter liefert der immergrüne Buchsbaum das Material für herzige Gaben, die besonders im süddeutschen Raum beliebt sind. Dieses sehr langsam wachsende Gehölz mit unscheinbaren, aber für Bienen wichtigen Blüten findet aber auch gärtnerische und handwerkliche Anwendungen: Da der Buchsbaum gut in Form getrimmt werden kann, eignet er sich für niedrige Beet- und Grabstellenumrandungen; sein Formschnitt erreicht bei Labyrinthen in Parks, perfekten Kugeln, meterhohen Wendeln, ja figurativen Lebendplastiken von Maillol'scher Qualität in Form von Frauenakten und Sitzenden, vorzugsweise solche mit fülligen Formen, physische und künstlerische Höhen. Viel Zeit und Liebe steckt in diesen lebenden Kunstwerken. In den Hintergrund getreten ist dagegen heute die Verwendung des sehr harten, dichten und hornartig homogenen Buchsbaumholzes für Drechselarbeiten, Teile von Musikinstrumenten und Holzstiche, mit denen man im 19. Jahrhundert Bücher illustriert hat.

Für den geduldigen Gartenfreund ist der Buchsbaum ein pflegeleichter und robuster Partner. So schien es bis vor einigen Jahren. Plötzlich konnte man aber bei einem sommerlichen Rundgang durch süddeutsche Gärten erschrecken, weil eine Gruppe von Buchsbüschen so aussah, als hätte jemand ätzende Säure darüber gegossen: Nur noch weißliche Gerippe waren übrig. Zur gleichen Zeit erfreute uns eine hübsche, bis dahin nicht beobachtete Schmetterlingsart, die sich an nächtlich leuchtenden Terrassenlampen einfand. Die eleganten Tiere trugen ihre schlanken weißen, schwarz umrandeten Flügel flach nach den Seiten gestreckt, sodass sie aussahen wie Umschläge für Trauerpost. Dann ging alles sehr schnell: An den sterbenden Buchsbäumen wurden muntere grüne Raupen mit schwarzem Kopf entdeckt und bald war der Zusammenhang mit dem schwarz-weißen Schmetterling offenkundig: In den Medien wurde vor dem Buchsbaumzünsler gewarnt; befallene Pflanzenteile sollte man verbrennen. Der hübsche Kleinschmetterling hatte die Trauerbotschaft für die europäischen Buchsbäume aus Ostasien überbracht. Die wenigen verbliebenen Buchsbaumhecken waren alsbald vom Geruch von Insektiziden geschwängert,

© Springer-Verlag GmbH Deutschland 2018
F. Schade und H. Jockusch, *Betörend, berauschend, tödlich – Giftpflanzen in unserer Umgebung*,
https://doi.org/10.1007/978-3-662-56048-8_56

den Gebrauch der chemischen Keule kann man den Besitzern, die das Produkt jahrelanger Geduld retten wollten, nicht verübeln.

Blätter und Rinde der dünnen Äste des Buchsbaums sind offenbar eine nahrhafte und bekömmliche Speise für den Buchsbaumzünsler, aber für Säugetiere wie Hunde, Katzen, Pferde, Schweine, Menschen sind alle Teile der Pflanze giftig. Sie enthalten einen reichhaltigen Cocktail von Alkaloiden. Ob dieser zum unangenehmen Geruch der Buchsbaumblätter beiträgt?

**Abb. 56.1**  **Buchsbaum**, wiss. *Buxus sempervirens*, engl. *Common box tree*, franz. *Buis*; 4/5 nat. Größe. Zeichnung © Fritz Schade

# 57

## Liguster
### Ölbaumgewächse, Oleaceae
### Giftig

Der Liguster hat eine noble Verwandtschaft, den ehrwürdigen Olivenbaum oder Ölbaum, wie er in der Bibel genannt wird. Der Ölzweig ist ein Symbol des Friedens, Olivenöl gut für Gaumen und Herz.

Der kleine Verwandte Liguster ist da wesentlich bescheidener. In den Städten begegnet er uns als wohlfeile Einfassungshecke von Parkplätzen und anderen prosaischen Geländen. Wo Ordnungsliebe und Sorgfalt herrschen, beeindruckt er durch akkuraten Formschnitt, den er gut verträgt, andernfalls tendiert er zu wilden, unordentlichen Trieben. Der Autor wurde mehrfach von der Ortsverwaltung abgemahnt, wenn seine Ligusterhecke wieder einmal in den öffentlichen Straßenraum vorgedrungen war, bevor sie durch ein anderes giftiges Gehölz, Thuja (Kap. 58), ersetzt wurde.

Wenn man dem Liguster etwas Freiheit lässt, erfreut er durch weiße, duftende, winzige Fliederblüten. Aus diesen gehen im Sommer schwarze, in Trauben stehende Beeren hervor, die bis in den Winter am Strauch bleiben. Sie sind giftig. Wegen ihrer Allgegenwart auch in Städten sollte man insbesondere Kinder vor deren sehr unangenehmen Wirkungen warnen, die von Übelkeit, Erbrechen und Kopfschmerzen bis Kreislauflähmung und Schock reichen können, wenn die Beeren in größerer Zahl gegessen werden. Auch Blätter und Rinde des Ligusters sind giftig, haben aber für Kinder kein Verführungspotenzial. Das typische Gift Ligustrosid ist ein kleines organisches Molekül aus drei Sechsringen, das Kohlenstoff-, Wasserstoff- und Sauerstoffatome enthält.

Wirbellose Tiere wie Insekten reagieren auf Giftstoffe oft ganz anders als wir (vgl. Tabak, Kap. 52). So kann man (heutzutage muss man sagen: mit viel Glück) auf Liguster die riesige, leuchtend grüne Raupe des Ligusterschwärmers (*Sphinx ligustri*) entdecken. Sie trägt in rippenförmiger Anordnung oben weinrote, unten weiße, schmale Markierungen, die die Raupe trotz ihres beträchtlichen Umfangs zu einer eleganten Schönheit machen. Aus ihr geht nach der Verpuppung im Sommer der große, in der Dämmerung schwirrend

© Springer-Verlag GmbH Deutschland 2018
F. Schade und H. Jockusch, *Betörend, berauschend, tödlich – Giftpflanzen in unserer Umgebung*,
https://doi.org/10.1007/978-3-662-56048-8_57

fliegende, braun gemusterte Ligusterschwärmer hervor. Der wissenschaftliche Gattungsname *Sphinx* bezieht sich aber nicht auf den fertigen Falter, sondern auf die Abwehrhaltung der Raupe – liegend mit erhobenem Kopf. Sie mahnt uns, Ligusterhecken nicht mit Insektizid zu spritzen, damit diese prächtige Schmetterlingsart eine Überlebenschance hat.

**Abb. 57.1  Liguster,** fruchtend und blühend, wiss. *Ligustrum vulgare*, engl. *Privet*, franz. *Troène*, 3/4 nat. Größe. Zeichnung © Fritz Schade

# 58

# Lebensbaum, Thuja

## Sehr giftig!

Während die Niederländer es gut finden, wenn alle Welt einen Durchblick durch das Wohnzimmer ihres Eigenheims bis zum nächsten Haus hat, sind die meisten Deutschen eher an Privatsphäre und damit auch an Sichtschutz interessiert. Hier bietet sich beim Anlegen von Gärten um einen Neubau eine Lebensbaumhecke an, denn sie ist preiswert und schnellwüchsig. Meist handelt es sich dabei um den Abendländischen Lebensbaum, *Thuja occidentalis*. Aber Vorsicht ist geboten: Wie unten ausgeführt, ist die Pflanze in allen Teilen sehr giftig.

Während sich durch das Anpflanzen von Sichtschutzhecken in Deutschland der Bestand an Thujapflanzen drastisch erhöht hat, fristet der einheimische Wacholder, Quelle des bekannten Fleischgewürzes und Würze der nach ihm benannten Schnäpse (vgl. Kap. 60), ein bescheidenes Dasein in Naturschutzgebieten, den Wacholderheiden, zum Beispiel auf der Schwäbischen Alb. Geschützt ist auch der metallisch goldgrün glänzende, etwa einen Zentimeter lange Wacholderprachtkäfer, dessen Larve sich unter der Rinde der Wacholderzweige ihren Weg frisst. Die Wacholderbestände werden durch den Käferbefall wohl nicht ernsthaft gefährdet, aber vor einigen Jahren haben einige unternehmungslustige Prachtkäfer die neue Welt entdeckt, die Welt der Lebensbäume, eine unerschöpfliche Nahrungsquelle! Die Folgen waren dramatisch: In sattgrünen Thujahecken wurden einzelne Gehölze plötzlich rostbraun und waren mausetot. In vielen Fällen griff das Thujasterben so rasant um sich, dass ganze Hecken gerodet werden mussten – eine Gartenkatastrophe ähnlich dem Buchsbaumsterben durch den asiatischen Buchsbaumzünsler (vgl. Kap. 56) – verursacht durch einen unter Naturschutz stehenden Käfer! Auch Verwandte der Thuja waren vom Wacholderprachtkäfer betroffen. Wieder einmal haben pflanzliche Gifte auf ein Insekt keinen Eindruck gemacht, der Wacholderprachtkäfer verträgt sogar die unterschiedlichen Giftstoffe von Wacholder und Thuja.

Ungestutzte, hohe, kegelförmige Thujabäume findet man oft auf Friedhöfen und dazu passt der düster harzige Geruch der Thujazweige. Er zeigt einen hohen Gehalt an ätherischen Ölen an, besonders intensiv beim Heckenschnitt. Hierbei kann es zu Hautreizungen kommen, sodass man Handschuhe

© Springer-Verlag GmbH Deutschland 2018
F. Schade und H. Jockusch, *Betörend, berauschend, tödlich – Giftpflanzen in unserer Umgebung*,
https://doi.org/10.1007/978-3-662-56048-8_58

tragen sollte. Besonders giftig sind die Zweigspitzen, das Holz und die Zapfen. Die in den ätherischen Ölen gelösten Giftstoffe heißen Thujone. Sie sind einfach gebaute Kleinmoleküle, die auch in der Wermutpflanze vorkommen und damit im Absinth. Es handelt sich um starke Nervengifte. Da die Zweige der Thuja wie kleine Bäumchen aussehen, lassen sie sich zum Beispiel im Kinderzimmer als Zubehör zu einer Spielzeugeisenbahn verwenden. Zerkaut und verschluckt sind sie aber ein starkes Gift, sodass Thujazweige nicht in ein Kinderzimmer gehören. Diese Warnung gilt auch für abweichend aussehende, zum Beispiel gelbblättrige Gartenformen und den nahe verwandten Morgenländischen Lebensbaum, *Thuja orientalis*.

**Abb. 58.1   Lebensbaum, Thuja,** mit Früchten, wiss. *Thuja occidentalis*, engl. *American arbor vitae*, franz. *Thuya d'occident*; 4/5 nat. Größe. Zeichnung © Fritz Schade

# 59

## Scheinzypresse
### Zypressengewächse, Cupressaceae
### Giftig

Eine ähnliche Verwendung wie der Abendländische und Morgenländische Lebensbaum findet auch die Scheinzypresse (Gattungsname: *Chamaecyparis*). Die Scheinzypresse ist als Park- und Gartengehölz beliebt und verbreitet, besonders in den Farbvarianten der Belaubung, von gelblich bis blaugrün. Die häufig gepflanzte Art stammt aus dem kalifornischen Küstengebirge und wurde erst um die Mitte des 19. Jahrhunderts nach Europa eingeführt. Ähnliche Arten gibt es in Ostasien. Charakterisiert sind Scheinzypressen durch überhängende Wipfelzweige, auf denen sich gerne Tauben und Krähen niederlassen. Junge Scheinzypressen haben wie der Sadebaum (Kap. 60) eine stachelige Benadelung, ähnlich der, die der gewöhnliche Wacholder sein ganzes Leben lang trägt, und können als Bäume sehr alt werden. Scheinzypressen gehören zur derselben Pflanzenfamilie wie die Lebensbäume und enthalten die gleichen Gifte.

Die ganze Pflanze ist giftig. Die Giftstoffe sind Kohlenwasserstoffe der Klasse der Terpenoide und entsprechen denen der Thuja (s. Kap. 58). Die Substanzen tragen die wohlklingenden Namen von Nadelholzgattungen wie Sabinen (vgl. Kap. 60), Thujen und Pinen. Letzterer Name leitet sich von *Pinus*, Kiefer, ab, aus deren Harz das Terpentin gewonnen wird. Der bildende Künstler, der noch mit altväterlichen Ölfarben malt, kennt das destillierte Terpentin (genauer: Terpentinöl) als Verdünnungsmittel für seine Farben und Lösungsmittel für Harzfirnis. Er schätzt vielleicht die Inspiration durch den Geruch nach Pinienwäldern. Dieser würzige Geruch sollte aber nicht über die gesundheitsschädliche Wirkung des natürlichen Terpentinöls und die Giftigkeit von Terpenoiden allgemein hinwegtäuschen. In der heutigen Zeit wird Terpentinöl meist durch preiswerteren Terpentinersatz, das Testbenzin (ein Destillationsprodukt aus Erdöl), ersetzt. Dieses riecht nach Straßenverkehr und sollte auch nicht eingeatmet werden.

Mit Lebensbaum und Scheinzypresse haben wir zwei Nadelbäume kennengelernt, die uns häufig in Gärten, in Parks und auf Friedhöfen begegnen. Wie steht es mit den Nadelbäumen, die wir als Weihnachtsbäume in unsere gute Stube nehmen?

© Springer-Verlag GmbH Deutschland 2018
F. Schade und H. Jockusch, *Betörend, berauschend, tödlich – Giftpflanzen in unserer Umgebung*,
https://doi.org/10.1007/978-3-662-56048-8_59

Da können wir beruhigt sein: Fichten und Tannen enthalten zwar duftende Harze, sind aber keine Giftpflanzen. Die benadelten Zweige der Eibe (Kap. 55), die sich vielleicht für einen Adventskranz eignen, enthalten hingegen gattungsspezifische, sehr gefährliche Gifte.

**Abb. 59.1   Scheinzypresse**, mit Früchten, wiss. *Chamaecyparis*, engl. *False cypress*, franz. *Cyprès de Nootka*, 3/4 nat. Größe. Zeichnung © Fritz Schade

# 60

## Sadebaum

Zypressengewächse, Cupressaceae
### Sehr giftig!

Der Sadebaum ist eigentlich kein Baum und er ist auch nicht nach Marquis de Sade benannt – obwohl das vielleicht seine Berechtigung hätte, denn dieser in Gärten verbreitete Strauch könnte einen Menschen quälen, der auf die Idee kommt, von den stark würzigen Zweigen oder gar den schwarzen, hellblau bereiften Beeren zu naschen: Von einigen Gramm würden ihm Übelkeit, Krämpfe, Herzrhythmusstörung, Atemlähmung, blutiger Urin, und, wenn er überlebt, Nieren- und Leberschädigung blühen. Bei einem Verzehr von mehr als fünf Gramm könnten Bewusstlosigkeit und der Tod nach Stunden oder Tagen drohen. Und dieses giftige Gewächs ist nun nicht etwa aus einem fernen Land bei uns eingeführt worden, sondern in den kahlen, felsigen Regionen unserer Alpen und anderer europäischer Hochgebirge zu Hause. Die charakteristischen Gifte des Sadebaums sind Kleinmoleküle, die in dem aus der Pflanze gewonnenen Öl gelöst sind: Sabinol und Sabinen. Ihr Kohlenstoffgerüst ist jeweils ein mit einem Dreierring verschmolzener Fünferring mit verschiedenen Seitengruppen. Vom Mittelalter bis in die frühe Neuzeit wurden Sadebaumfrüchte zur Abtreibung eingesetzt – eine für Schwangere lebensgefährliche Methode, die dem Gehölz Namen wie Jungfernpalme, Jungfrauenrosmarin und Kindsmord einbrachte.

Den Sadebaum gibt es preiswert zu kaufen, aber muss man dieses sadistische Gewächs im eigenen Garten haben? Dort bildet es niedrige, nicht sehr dekorative Büsche mit flach ausgebreiteten Zweigen. Der Grund, einen Sadebaum im Garten oder auf dem Friedhof zu pflanzen, ist wohl lediglich, ein immergrünes Gehölz zu haben, das einigermaßen ordentlich aussieht und Unkraut unterdrückt.

Etwas erstaunt stellt man fest, dass der sehr giftige Sadebaum trotz seiner anderen Belaubung derselben Gattung angehört wie unser Wachholder (*Juniperus communis*). Dementsprechend wird er im Volksmund auch treffend Giftwacholder genannt. Den gewöhnlichen Echten Wacholder kennen wir als schmucken säulenförmigen Charakterstrauch der Wacholderheiden in Süd- und Norddeutschland und in Form der Wacholderbeeren (kugelige Minizapfen) in der Küche. Er hat kurze blaugrüne Nadeln, die nach allen Seiten stehen und stechen. Je nach Zuchtform hat der Sadebaum dunkelgrü-

© Springer-Verlag GmbH Deutschland 2018
F. Schade und H. Jockusch, *Betörend, berauschend, tödlich – Giftpflanzen in unserer Umgebung*,
https://doi.org/10.1007/978-3-662-56048-8_60

ne, schuppig anliegende Nadeln, ähnlich wie der Lebensbaum (s. diese und die vorige Abbildung) oder auch, besonders in der Jugend, stachelig abstehende Nadeln wie der gewöhnliche Wacholder. Eine Verwechslung mit dem gewöhnlichen Wacholder ist also möglich.

Es ist immer eine vernünftige Annahme, dass nahe verwandte Pflanzen ähnliche Giftstoffe enthalten. Sollten wir da nicht misstrauisch sein? Wacholderbeeren, ein hochgeschätztes Braten- und Wildgewürz, auch Geschmackskomponente von Wacholderschnäpsen, sind denn auch keineswegs völlig ungiftig. So sollen Schwangere sie nicht essen (wahrscheinlich haben sie ohnehin keinen Appetit auf Wild). Wie bei der ebenfalls giftigen Muskatnuss setzt man aber voraus, dass solche intensiv schmeckenden Gewürze nur in sehr keinen Mengen verwendet werden, kleine Kinder mögen sie normalerweise ohnehin nicht.

In diesem Rahmen ist der gewöhnliche Wacholder im Gegensatz zu seinem Gattungsgenossen als unbedenklich zu betrachten. Keinesfalls sollte man jedoch die Beeren des Sadebaums mit Wacholderbeeren verwechseln. Auf den Sadebaum im Garten kann man gut und gerne verzichten.

Abb. 60.1 **Sadebaum**, wiss. *Juniperus sabina*, engl. *Savin*, franz. *Genévrier sabine, links*; Gemeiner Wacholder, *Juniperus communis*, engl. *Common juniper*, franz. *Genévrier commun, rechts*; 4/5 nat. Größe. Zeichnung © Fritz Schade

# 61

## Pfaffenhütchen
### Spindelbaumgewächse, Celastraceae
### Giftig

Birett nennt sich eine Kopfbedeckung katholischer Geistlicher, also der Herrschaften, die man seit altersher respektlos als Pfaffen bezeichnet. Die Birette erinnern schon sehr an botanische Objekte: Es gibt sie drei- und vierzählig und in Abstufungen der Farbe Rot, von Karmin bis Purpur, sowie auch in Schwarz. Hier haben wir es mit einer vierzipfligen Variante zu tun, der purpurroten Fruchtkapsel des Pfaffenhütchens. Die herausquellenden Samen haben eine leuchtend orange Hülle, die ganze Frucht fällt also durch eine eigenwillige Farbkombination auf. Diese Früchte sind für Menschen und Haustiere giftig, während sie von Vögeln offenbar ohne Schaden gefressen werden. Der Pfaffenhütchenstrauch, auch weniger lustig Spindelbusch genannt, wird ein paar Meter hoch und ist von sperrigem Wuchs. Aus den unansehnlichen grünlichen Blüten entwickelt sich im Herbst der dekorative Schmuck, von dem die Pflanze ihren Namen hat.

Das Pfaffenhütchen (*Euonymus europaeus*) hat nun auch zu einer Genderdiskussion unter den Botanikern beigetragen. Das kam so: Bäume sind im Lateinischen immer (grammatisch) weiblich, auch wenn ihr Name auf „us" endet. So heißt zum Beispiel die Silberpappel *Populus alba*. Der Streit ging nun darum, ob es entsprechend *E. europea* heißen müsste. Nach einigem Hin und Her hat man sich aber für *E. europaeus* entschieden – ein in unserer Zeit seltener Sieg für die männliche Form! Dieser könnte allerdings trivialerweise darauf beruhen, dass das lateinische Wort für Busch, *frutex*, maskulin ist.

Man kann eigentlich gut auf das sommergrüne Pfaffenhütchen im Garten verzichten, vor allem, solange kleine Kinder zum Haushalt gehören, die von den farbig auffallenden Früchten verlockt werden könnten. Es reicht, wenn wir diesen einheimischen Strauch am Waldrand sehen. Die immergrüne japanische Art (*E. japonicus*) kann als Sichtschutz eingesetzt werden. Sie ist zwar ebenfalls giftig, aber die Gartenvariation *E. aureus* mit gelbgrün gescheckten Blättern bringt zumindest im Garten des Autors nur einen sehr bescheidenen Fruchtansatz und ist deshalb weniger gefährlich für Kinder.

Alle Teile des Pfaffenhütchens sind giftig, besonders aber die auffälligen Früchte, von denen knapp vierzig für Erwachsene tödlich sein sollen. Die Giftstoffe sind niedermolekulare komplexe Ringsysteme aus Kohlenstoff, Wasserstoff und Sauerstoff und ähneln zum Teil den *Digitalis*-Glykosiden des Fingerhuts (Kap. 45).

**Abb. 61.1 Pfaffenhütchen**, fruchtend, wiss. *Euonymus europaeus*, engl. *Spindle tree*, franz. *Fusain d'Europe*; 4/5 nat. Größe. Zeichnung © Fritz Schade

# 62

## Stechpalme
### Stechpalmengewächse, Aquifoliaceae
### Sehr giftig!

Die Bezeichnung eines Gehölzes als Palme hat etwa ebensoviel botanische Bedeutung wie die einer Blume als Rose – Beispiele sind Seerose und Palma Christi (Kap. 54). In Nordwestdeutschland ist die Stechpalme wegen der dortigen atlantisch milden Winter und der feucht-kühlen Sommer weit verbreitet, beispielsweise als Unterholz im Teutoburger Wald. In diesen Regionen heißt die Stechpalme Hülse und diese Bezeichnung findet sich in Orts- und Personennamen, wie denen der romantischen Dichterin von Annette von Droste-Hülshoff und des Neurologen und dadaistischen Poeten Richard Hülsenbeck („Stechpalmenbach"). Wichtig: Diese Bezeichnung „Hülse" hat absolut nichts mit den Hülsenfrüchtlern zu tun, die früher Schmetterlingsblütler hießen (vgl. die Kap. 17, 21, 24, 25, 35 und 43).

Der immergrüne Strauch oder kegelförmige Baum *Ilex aquifolium* ist mit seinen wie lackiert oder nass glänzenden Blättern (lat. *aquifolium*, mit wässrigen Blättern) und korallenroten Beeren im Winter ein besonderer Schmuck. Aus dem Angelsächsischen kommt die Sitte, ihn als Vorweihnachtsschmuck im Haus aufzuhängen – dem Autor ist aber nicht klar, ob man sich, wie im Fall der Mistel, darunter küssen soll oder darf. Einer der weltweit berühmtesten amerikanischen Ortsnamen, Hollywood, bedeutet „Stechpalmenwald". Obwohl dieser Name in riesigen Lettern an den dürren, sonnendurchglühten Hängen über der kalifornischen Stadt prangt, würde eine Stechpalme dort sicher schnell verdorren – wir sind eben am Ort der Illusionen.

Das sind die freundlichen Aspekte der Stechpalme. Diese sollten aber nicht darüber hinwegtäuschen, dass die Zweige mit Blättern und Beeren, also die als Winterschmuck im Handel angebotenen Teile, durch ein unübersichtliches Gemisch verschiedener kleinmolekularer Substanzen für den Menschen gefährlich giftig sind. Ein Kleinkind wird nicht in die harten, stacheligen Blätter beißen, aber die roten Beeren sehen verlockend aus und sollten auf keinen Fall erreichbar sein – schon für Erwachsene sollen 20 bis 30 Beeren tödlich sein. Die Vergiftungssymptome beginnen, wie so oft, mit Übelkeit und Erbrechen, es folgen Herzrhythmusstörungen, Durchfall, Lähmungen, Nierenschädigung, Schläfrigkeit, unter Umständen schwere Magenentzündung.

© Springer-Verlag GmbH Deutschland 2018
F. Schade und H. Jockusch, *Betörend, berauschend, tödlich – Giftpflanzen in unserer Umgebung*,
https://doi.org/10.1007/978-3-662-56048-8_62

Anders als bei der Eibe (Kap. 55) sind hier auch die weichen Teile der Früchte für uns giftig. Wir staunen, mit welcher Freude allerdings verschiedene Vögel die im Winter lange frisch bleibenden Beeren futtern, offenbar ohne schlimme Folgen, obwohl Vögel wie wir warmblütige Wirbeltiere sind. Vielleicht gibt es hier etwas zu erforschen.

**Abb. 62.1** **Stechpalme**, fruchtend, wiss. *Ilex aquifolium*, engl. *Holly*, franz. *Houx*; 4/5 nat. Größe. Zeichnung © Fritz Schade

# 63

## Mistel
### Sandelholzgewächse, Santalaceae
### Giftig

Der angelsächsische Brauch, sich in der Weihnachtszeit unter einem giftigen Halbschmarotzer zu küssen, mutet seltsam an, bürgert sich aber auch bei uns ein. Unsere häufigste Mistelart, die Weiße Mistel, ist immergrün, und sie ist, weil sie in Laubbäumen nistet, im Winter besonders auffällig. In feuchten Klimaten ist die Mistel auf Pappeln und Apfelbäumen häufig. In Pappelalleen können die markanten Kugeln mit bis zu einem Meter Durchmesser das Landschaftsbild prägen. Die Pappeln scheinen aber nicht sonderlich unter diesem Befall zu leiden. Seltener sieht man verwandte Mistelarten auf Nadelbäumen, vor allem auf Kiefern.

Die oftmals perfekt kugelförmige Gestalt des Mistelstrauchs erklärt sich durch die regelmäßig gabelige Verzweigung (die manchmal so regelmäßig ist wie die des Stechapfels, Kap. 50) und die Tatsache, dass sich der Strauch von seinem Wirtsast aus ungehindert in drei Dimensionen ausbreiten kann. Unsere Mistel ist wohl hauptsächlich ein Wasser- und Mineralstoffschmarotzer und enthält das zur eigenen Photosynthese nötige Chlorophyll. Das Grün der spatelförmigen, ledrigen Blätter hat jedoch einen eigenartigen, hellen Olivton. Die insektenbestäubten Blüten sind unscheinbar, aber die weißen, glasig opaleszierenden, erbsengroßen Beeren tragen im Winter zum attraktiven Aussehen der Mistel bei. Sie enthalten einen klebrigen Schleim (auf den sich der Gattungsname der Mistel, *Viscum*, Leim, bezieht), der die Samenkörner entweder vor oder nach dem Verzehr der Beeren durch Vögel wie die Misteldrossel auf Zweige eines Wirtsbaums klebt. Der keimende Same sendet einen Schlauch mit einer Haftscheibe aus, mit dem er sich auf der Rinde des Wirts verankert. Von dort dringt ein spezielles Sauggewebe in das Holz ein, um dem Wirt Nährstoffe zu entziehen, vor allem gelöste Mineralien, zu denen die Mistel sonst keinen Zugang hat. Das Wachstum des Mistelstrauchs ist vergleichsweise langsam.

Wegen ihrer seltsamen Biologie und ihres eigenartigen Aussehens hat die Mistel von alters her die Fantasie beflügelt. Bei den Göttern der Germanen lässt der böse Loki den attraktiven Gott Baldur töten, indem er den blinden Hödr als Killer verdingt und einen aus einem Mistelzweig gefertigten Pfeil auf Baldur schießen lässt. Die Mistel ist also eine böse, hinterlistige Pflanze,

© Springer-Verlag GmbH Deutschland 2018
F. Schade und H. Jockusch, *Betörend, berauschend, tödlich – Giftpflanzen in unserer Umgebung*,
https://doi.org/10.1007/978-3-662-56048-8_63

weil sie sich in dieses Komplott einspannen lässt. Die geraden Teile des Mistelgezweigs sind kurz und biegsam; wie man daraus einen weittragenden Pfeil machen kann, wissen bzw. wussten nur die (germanischen) Götter.

Die Zuordnung der Mistel zur Familie der Sandelholzgewächse ist für den Laien nicht leicht nachzuvollziehen. Sandelholz wird aus stolzen tropischen Bäumen gewonnen, die keine Neigung zum Schmarotzertum zeigen und ganz gewöhnlich geformte, kräftig grüne Blätter haben. Sandelholz wird wegen seines angenehmen Dufts verwendet und hat auch mit dieser Eigenschaft nichts mit den Misteln gemein.

Alle Teile der Mistelpflanze sind giftig, für Drosseln ist der Schleim der Beeren aber offenbar ungiftig. Das Gift ist ein Gemisch von Eiweißen, wobei eine Komponente ähnlich wie Bienengift wirkt. Eiweiße, die Zuckerketten binden, sogenannte Lektine, können sich an Zelloberflächen heften und dadurch die Zellen schädigen. Die Vergiftungssymptome betreffen hauptsächlich den Magen-Darm-Trakt. Man sollte sie sich und Kindern auf jeden Fall ersparen. Also: Eltern, bitte aufpassen, wenn von den im Türrahmen hängenden Mistelzweigen zur Weihnachtszeit nach stürmischen Küssen die Beeren auf den Boden kullern.

Es erstaunt nicht, dass Inhaltsstoffen der Mistel auch Heilwirkung zugesprochen wurde. Insbesondere hat man sich von ihnen Erfolge bei der Krebstherapie versprochen. Diese sind bisher aber statistisch nicht belegt.

**Abb. 63.1 Mistel**, fruchtend, wiss. *Viscum album*, engl. *Mistletoe*, franz. *Gui*; 4/5 nat. Größe. Zeichnung © Fritz Schade

# Literatur

## Allgemeines

Giftberatungsstelle: www.giftberatung.de – Kontakt für Notfälle!

Altmann H (2011) Giftpflanzen und Gifttiere. blv, München – Sachbuch mit Photos

Couplan F, Styner E (2013) Les Plantes sauvages comestibles et toxiques. Delachaux Niestl., Paris – Wildpflanzen, essbar und giftig – auf Französisch

Klein L (1913) Unsere Unkräuter. Carl Winters Universitätsbuchhandlung – historisches Buch mit Aquarellen

Botanischer Garten der Ruhr-Universität Bochum: http://www.boga.ruhruni-bochum.de/

Neuer Botanischer Garten der Universität Hamburg (Loki-Schmidt-Garten): http://www.bghamburg.de. Hier wurden viele der Zeichnungen von Fritz Schade angefertigt

## Pharmakologie, allgemein

Roth L, Daunderer M, Kormann K (1994, 2012) Giftpflanzen – Pflanzengifte. 6. Aufl. Nikol, Hamburg. – Enthält auch die chemische Charakerisierung der Giftstoffe

Wink M, van Wyk B-E, Wink C. Handbuch der giftigen und psychoaktiven Pflanzen. Wissenschaftliche Verlagsgesellschaft, Stuttgart 2008. – Enthält Strukturformeln der Giftstoffe

Hoffmeister D (2017) Giftpflanzen, Pflanzengifte. In: Aktories K. et al. Allgemeine und spezielle Pharmakologie und Toxikologie. 12. Aufl. Elsevier, München

© Springer-Verlag GmbH Deutschland 2018
F. Schade und H. Jockusch, *Betörend, berauschend, tödlich – Giftpflanzen in unserer Umgebung*,
https://doi.org/10.1007/978-3-662-56048-8

## Cannabis, Pharmakologie und Gesetzgebung

Zimmer A, Drews E (2012) Das endogene Cannabinoidsystem – Neuroforum Neuroforum 4/12 290–298

https://de.wikipedia.org/wiki/Cannabinoid-Rezeptor_1, https://en.wikipedia. org/wiki/Endocannabinoid_system. – Angaben zur Physiologie und Biochemie der Cannabis-Alkaloide

https://de.wikipedia.org/wiki/Cannabinoid-Rezeptor_1, https://en.wikipedia. org/wiki/Endocannabinoid_system. – Biochemie der Cannabinoidrezeptoren

Müller-Vahl K, Grotenhennen F (2017) Medizinisches Cannabis. Die wichtigsten Änderungen. Dtsch Ärztebl 114:352–356

## Tabak

Tratschke (1974) Eine neue Runde im Kampf zwischen Nichtrauchern und Rauchern. DIE ZEIT NR. 48, 1974. Eine amüsante Übersicht über die Meinungen zum Tabakgenuss in der europäischen Geschichte

## Gentechnik zur Entgiftung

Ezura, Hiroshi (2017) Japanese efforts on applying genome, editing technologies for agriculture, forestry and fisheries in SIP program http://www.ilsijapan. org/ILSIJapan/LEC/biotech/GenEd2017/04Ezura.pdf – Für Laien aufbereitete und verständlich illustrierte Darstellung der Ausschaltung der Giftproduktion in Nutzpflanzen, z. B. des Solanins in der Kartoffelpflanze, mit der neuen Methode der Genomedierung